由教育部人文社会科学研究
青年基金(18YJC820060)支持

# 数据主权
## 全球治理下的国际规则与秩序构建

王佳宜 著

CONSTRUCTION OF INTERNATIONAL RULES AND
ORDER UNDER GLOBAL GOVERNANCE OF
DATA SOVEREIGNTY

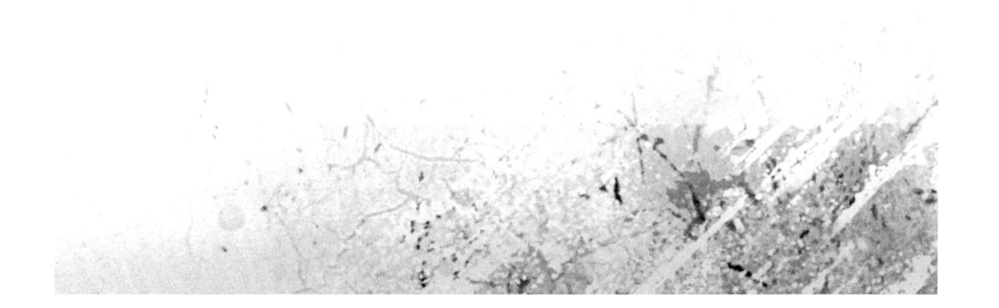

北京

**图书在版编目(CIP)数据**

数据主权：全球治理下的国际规则与秩序构建／王佳宜著．--北京：法律出版社，2024

ISBN 978-7-5197-8090-6

Ⅰ．①数… Ⅱ．①王… Ⅲ．①数据管理-研究-中国 Ⅳ．①TP274

中国国家版本馆CIP数据核字(2023)第126839号

**数据主权:全球治理下的国际规则与秩序构建**
**SHUJU ZHUQUAN: QUANQIU ZHILI XIA DE GUOJI GUIZE YU ZHIXU GOUJIAN**

王佳宜 著

策划编辑 蒋 橙
责任编辑 蒋 橙
装帧设计 鲍龙卉

**出版发行** 法律出版社
**编辑统筹** 法律应用出版分社
**责任校对** 朱海波
**责任印制** 刘晓伟
**经　　销** 新华书店

**开本** 710毫米×1000毫米 1/16
**印张** 11.75 **字数** 126千
**版本** 2024年10月第1版
**印次** 2024年10月第1次印刷
**印刷** 北京新生代彩印制版有限公司

地址:北京市丰台区莲花池西里7号(100073)
网址:www.lawpress.com.cn
投稿邮箱:info@lawpress.com.cn
举报盗版邮箱:jbwq@lawpress.com.cn

销售电话:010-83938349
客服电话:010-83938350
咨询电话:010-63939796



**书号**:ISBN 978-7-5197-8090-6
**定价**:49.00元

凡购买本社图书,如有印装错误,我社负责退换。电话:010-83938349

# 序　言

自“布雷顿森林体系”建立以来,以规则为导向的全球经济治理基本形成,制度性话语权之争构成了大国博弈的核心。国家的制度性话语权多反映为对相关领域规则的主导力及秩序的支配性影响力。法国社会学家福柯指出,影响、控制话语形成与变动的最根本因素是权力。进入21世纪,数字时代的国际关系正在迈入一个新阶段。以互联网为代表的信息技术不仅深刻地改变了人们的生产方式、生活方式和社会互动方式,也冲击着原有的国际规则、国家安全和国际秩序,重塑着主权国家的行为模式和互动结果。当今世界,百年未有之大变局正在加速演进,基于网络空间特点的新秩序正在悄然生成,数据作为国家重要的战略资源和权力来源,其规则主导权已然成为大国在数字领域权力博弈的重要工具。

由于数字崛起国对网络空间全球治理秩序的重塑及规则制定的深度参与,原有制度性权力被重新分配,数据主权的维护与强化被置于至高战略位置。其中,数据主权作为一种法律工具被广泛用于应对日益复杂的网络空间安全威胁、挑战及大国博弈。各国纷纷加强数据全球治理的前瞻性布局,将数据主权映射至治理实践。在此背景下,曾一度强调数字空间公域属性的美国,在全球数字治理中重拾“主权”概念,积极扩张“数据主权”辐射范围,依托技术实力以控制者标准不断扩张数据规则的效力疆域;作为全球数据立法的“原产地”,欧洲一体化之初始终避免使用的“国家主权”观念,又以“数据主权”这一新形式回归欧盟的数据治理体系之中,晚近在欧盟颁布的数字经济战略文件和政策法规中开始频繁出现“数字主权”或“数据主权”的表达;而网络空间新兴国家出于保障国家数据安全、对抗数据霸权的目的,更是积极主张行使数据主权,呈现出以防御为导向的数据本地化和权利化趋势。主权本身是抽象的、框架性的,〔1〕不是具体指代某一种行为或某一种权力/权利,而是具有多重内容,是若干权力/权利的组合。在国家或政府的权力/权利“篮子”中,存在着多种多样的权力/权利,任何一项具体的权力/权利都有专门的名称,它们都是主权的表现,却没有一项本身就是主权。因此,数据主权在实践中需要具体化为管辖与支配等在一定疆域内的基本权力/权利行使。这也进一步印证了实践中各国缘何提出程度不一的数据主权诉求,学界为何陷入数据主权概念迷失与内涵之争。

数据主权缘起于新兴空间中传统主权秩序功能的失位。随着时代环境的变化,主权的内涵、外延及其实践都会发生相应的调整,其中隐含数据管辖权“自然延伸”的预设。当前另一新趋势在于,数据主权已然超越传统主权以属地连接点为基础的管辖范围,以一种新的姿态向外扩

〔1〕 车丕照:《身份与契约——全球化背景下对国家主权的观察》,载《法制与社会发展》2002年第5期。

张。国内法的域外适用在国际秩序中并不鲜见，而管辖权扩张成为数据跨境流动场景下的必然选择。数据流动是全球数字经济发展的重要基础，数据在便利地跨境流动的同时也带来主权隐忧及国际冲突。加之数据主权与管辖权的离合关系正重塑全球数据跨境流动秩序，数据主权的辐射范围与实践运作引发全球主导力更迭。在数据领域，属地原则支配地位的动摇表明数据管辖权的域外扩张不再是少数国家的专利，过去由欧美主导的传统立法范式正不断被打破和重塑，崭新的全球数据治理法律体系正在形成。主权国家主张国内数据规则的域外效力，并不完全等同于国际关系中的霸权主义，并非所有国内法域外适用措施都涉嫌违反国际法规则，关键在于尊重他国数据主权，妥善处理连接因素与管辖权之间的合理性。适度的国内法域外适用有助于保护本国公民和企业的利益，也是国家影响国际法规则创设的有力工具。而对域外管辖权的滥用，以及明显违反国际法的数据法域外适用规则也的确存在，这是单边主义和霸权主义思潮在数字领域的延伸，势必会引发国家间数据主权冲突，影响国际数据流动秩序和数据安全。

在数字时代背景下，数字技术和数字资源成为影响大国综合实力对比与战略博弈态势的关键因素，全球数字治理成为全球治理的重要内容。中国的持续崛起必然会对全球数字治理秩序的演变产生深刻影响。党的二十大报告指出，要“加强重点领域、新兴领域、涉外领域立法，统筹推进国内法治和涉外法治”。[1] 数字经济时代崭新的国际秩序帷幕已

---

〔1〕《高举中国特色社会主义伟大旗帜　为全面建设社会主义现代化国家而团结奋斗》，载《人民日报》2022年10月26日，第1版。

经拉开,数据规则以及域外效力既是我国未来参与构建全球数字经济格局的重要议题,也是实现国内法治与涉外法治相互支撑和有机融通的关键。当前,中国有着巨大的数据市场需求,跨境数据流量位居全球首位,占比23%,第二位美国则占比12%。[1] 生机勃勃的数据流动市场前景赋予了中国将实践转化为国际规则的能力。网络空间国际秩序处于生成初期,不稳定和变化是其最重要的特征,"权力再平衡"正在数据领域展开并将影响深远,这也是中国参与全球秩序构建的重要机遇。未来,中国应在不确定中锚定确定性,以人类命运共同体理念为指引,在数据规则制定及国际共识塑造中尊重各国数据主权的平等与独立。同时,中国应注重在国际层面有效传达数据主权理念,深度参与相关国际议程设置,通过国际议程进一步塑造可适用的数据治理规则,推动国际规则的趋同共进并以此加强数据领域的国际合作。

数据主权是一个跨学科议题,数据全球治理涉及法律、科技、贸易、文化与政治等诸多方面,然而问题的解决途径却依赖于跨学科的事实分析与价值分析,并最终落脚于法治的发展。客观而言,近年来各国数据主权意识强烈,但理论支撑可谓贫瘠,国际法学领域具有标志性、代表性的研究成果尚不多见,出彩之作更是寥若晨星。王佳宜副教授也正是敏锐地捕捉到了这一点,在"数据主权"这一重要议题的研究上"靶向发力""持续深耕",并将近几年的相关研究结论与成果及时呈现在这本学

---

〔1〕 Toru Tsunashima. China Rises as World's Data Superpower as Internet Fractures. Nikkei Asia[EB/OL]. [2023 – 04 – 30]. https://asia.nikkei.com/Spotlight/Century-of-Data/China-rises-as-world-s-data-superpower-as-internet-fractures.

术专著中。

值得一提的是,本书在撰写体例上采用的是叙事与专题论述相结合的方式,明显区别于单一纵向推进式的传统“叙事”手法。这种“非传统线性”结构的铺排十分考验一个学者的专业功底与写作能力,如果各个章节只是“自说自话”,彼此之间做不到一定“兼顾”与“照应”,则易生“拼凑”之嫌。本书所作的各章安排研究也较为妥当。一方面,本书将关注点精准、平行地聚焦于目前数据治理领域几个亟待澄清和回应的重要问题,从数据主权的逻辑起点与演进出发,分析数据全球治理的关键问题,探讨数据主权治理的核心要素,关注数据立法域外适用问题,随之提出中国之策。另一方面,从内容上看,围绕数据与全球治理这一命题,王佳宜副教授在书中提出了不少有益见解。举例言之,第一,从网络主权历史溯源,论证国家作为数据主权行使主体的唯一性和对网络空间进行治理的必然性,分析国际社会各方主体在数据治理中的角色与价值;第二,厘清新的数据法律秩序与原有秩序的关系,探讨新规则是对旧制度的继承性发展还是否定性重构,关注全球数据治理的秩序演变与规则塑造,进而在国际法层面寻求共识;第三,厘定数据主权的权力行使边界,探讨数据主权能做什么、不能做什么,更进一步地,探讨数据主权的适用边界与规则效力。

尤记得,在2019年新冠疫情爆发前夕,我所在的武汉大学法学院、国际法研究所和网络治理研究院牵头举办第一期“网络空间国际法青年学子培训班”,我正是因此结识了王佳宜博士,她也对这一领域产生了更加浓厚的兴趣,并持续跟踪研究网络空间的国际法问题,甚至当我主编的《数据治理的法律逻辑》刚刚出版,购买渠道还非常有限时,她就迫切地向我“索要”该书,时刻关注这一领域的前沿研究成果。另一方面,信息技术的不断革新、数据赋能的权力结构变迁以及各国数据主权的实践异化,都让本书的写作困难重重,尤其是随着2021年我国《数据安全法》《个人信息保护法》等数据规则的相继实施,本书的内容也随之大篇幅修改,写作过程可谓一波三折。可以说,这本书凝聚着王佳宜副教授对数据全球治理研究的所思所悟、热忱情怀与心血汗水,是数字时代国际法治领域一部难能可贵的诚意之作。我相信,这本专著一定能够进一步引发学界对于数据主权相关研究的重视,激发更多的学者尤其是青年学者加入网络空间国际法研究的队伍,进而为中国法治和国际法治建设持续贡献智识。

是为序。

黄志雄*

2024年9月21日

* 武汉大学国际法研究所教授、法学院副院长、网络治理研究院院长。

# 目录

Contents

# 第一章　数据主权的逻辑起点：网络空间全球治理发展的历史嬗变

回顾网络空间的形成和发展史,我们不难发现,在较长一段时间内该领域一直缺乏有效治理,这种现象的产生与其特殊性及各方的主观认知不无关系。互联网技术的爆炸和网络自由主义观点的兴起揭示了自我规制在互联网发展初期的历史必然性。然而,基于网络空间对国家及其公民的重要性,全民私有的网络治理模式无法长期维续。技术赋权虽使传统国家主导的权力结构在特定时期发生了一定改变,但网络空间发展的客观规律与治理实践充分证明,这种权力结构尚未达到质的突破。主权国家参与并加强控制是网络空间治理的主要趋势,这也使得现实世界的国际关系向网络空间延伸。

# 一、网络空间国际规则体系的考察

## (一)网络活动者的自我约束

20世纪90年代,在互联网技术应用初期,技术革命带来的新型社会关系尚未纳入国家的调整范围,技术的飞速发展将法律的滞后性展现得更加直观,此时的网络活动者将网络空间视为一个放任自由的"自主管理体系"。例如,1996年,美国著名网络活动家约翰·巴洛发表《网络空间独立宣言》向政府宣告:"在我们这里,你们并不受欢迎……虚拟的网络空间并不受主权的干涉"[1];大卫·约翰逊与大卫·波斯特指出:"以计算机为基础的全球沟通割裂了领土边界,创造了人类活动的新领域,削弱了基于地理边界而适用法律的可行性和合法性。"[2]甚至在政府层面上也不乏支持网络空间"自我规制"的声音。[3] 这些自由主义者否认政府可以或应该规范网络空间,宣称拥有互联网"自我主权"(Cyberspace as Sovereignty),[4]不受主权国家的管辖。去政府化理念是

〔1〕 John Perry Barlow, "A Declaration of the Independence of Cyberspace", https://www.eff.org/cyberspace-independence, July 24, 2022. 此外,许多美国学者侧重于对网络空间的独立性和特殊性进行探讨。

〔2〕 David R. Johnson & David Post, "Law and Borders—The Rise of Law in Cyberspace", *Stanford Law Review* 48, 1996, p. 1367.

〔3〕 美国国防部2005年颁布的《国土防御及民事支持战略》中指出:"全球公域包括国际水域、空气空间、外层空间和网络空间",反对政府对网络空间的治理。See U. S. Dep't of Def., Strategy For Homeland Defense and Civil Support 12 (2005), http://www.defense.gov/news/jun2005/d2OO5O630homeland.pdf, July 24, 2022.

〔4〕 See Timothy S. Wu, "Cyberspace Sovereignty-The Internet and the International System", *Harvard Journal of Law & Technology* 10, 1997, pp. 647 – 666.

这一时期网络空间的主流话语体系，此时网络空间秩序的维护及规则的制定由网络活动参与者自发形成。私主体广泛而深远的影响以及法律的缺位是这一时期秩序形成的主要动因。

私主体是网络空间的重要主体，无论是在数量上还是在战略上皆是如此。网络活动者已经习惯参与并对网络政策问题产生重大影响。因此，先于法律规范，非政府性组织最早以类似于政府的方式运作，以技术为导向理解并规范网络空间。[1] 例如，电子前沿基金会（Electronic Frontier Foundation, EFF）作为非营利性的国际组织，还是世界知识产权组织的观察员之一，该组织一直关注互联网相关的公民权利，期望通过诉讼对美国法律制度产生影响。[2] 网络自由主义倡导者的约翰·巴洛即为其创始人之一。此时，以电子前沿基金会为代表的网络自由主义者试图建立一个法律"真空"地带，将网络与领土和政府（尤其是美国政府）分割开来，并建立独立运行规则。构建一个免受法律约束的网络空间似乎有些不切实际，但其以美国宪法第一修正案为基础，设法将"自我主权"思想与言论自由相契合，指出互联网作为通信媒介，其网页、邮件等是"表达"的不同形式，网络空间的一切内容都可能是"言论"。在网络发展的黄金时代，这些非正式治理框架发布的标准逐渐形成 20 世纪 70 年代互联网设计的基本规则体系。这种在无政府状态下得以有效运

---

〔1〕 See Zoe Baird, "Governing the Internet: Engaging Government, Business and Nonprofits", *Foreign Affairs* 15, 2002, p. 81.

〔2〕 电子前沿基金会创立于 1990 年，Steve Jackson Games 事件促使几位创始人成立该组织并代表 Steve Jackson Games 公司向美国特勤处提起诉讼，最终胜诉。此后，电子前沿基金会不断地进行类似的影响性诉讼，希望通过典型的案例引起立法和司法变革或公共政策的改变。

行的"成功范本",使网络活动者们相信他们已经创造出一种新的维持网络秩序的模式。正如互联网创始人戴夫·克拉克所说:"我们拒绝国王、总统和投票。我们相信粗略的共识和运行的代码。"因此,当1996年美国出台《通信正当行为法》对网络上传播的"不雅"内容予以规制时,[1]巴洛等人将其视为对网络空间自由的首次重大冲击,随后发布了著名的十六段网络空间独立宣言。[2] 1997年6月26日,美国最高法院以7票对2票的最终裁决,宣布《通信正当行为法》违反了美国宪法第一修正案。法院同意美国公民自由联盟的意见,认为该法律过于模糊、宽泛,未对言论自由予以必要的保护。而更深远的意义在于法院关注到网络空间本质上的新颖性,赋予其特殊的法律地位。史蒂文斯大法官在判决中指出,就宪法传统而言,在没有相反证据的情况下,我们认为政府对(网络空间的)言论内容的管制更可能干扰思想的自由交流,而不是鼓励思想的自由交流。[3]

网络自由主义者的核心主张是互联网的发展极大地加强了民主化过程,通过网络赋权,网络用户可以成功地摆脱威权力量的控制,对自由的追求是维护其自身利益的手段。私主体希望通过自我约束避免法律的直接适用,特别是经济实力和社会影响力较大的网络公司,它们通过

---

〔1〕 随后以ACLU(美国公民自由联盟)诉Reno(当时美国的司法部部长)案为由,电子前沿基金会、美国公民自由联盟和美国作家协会等多方组成网络自由主义联盟参与到此案中联手挑战《通信正当行为法》,国家主权在网络空间的降临备受争议,引发对现有秩序与规则反思的热潮。

〔2〕 See John Perry Barlow, "A Declaration of the Independence of Cyberspace", https://www.eff.org/cyberspace-independence, July 24, 2022.

〔3〕 ACLU v. Reno, 521 U.S. 844, 851 (1997) (Stevens, J.).

自发规则的外溢效应,不断扩大适用范围,进而影响甚至主导该领域的技术标准及发展。因此,网络活动者的自发形成的约束规则恰好弥补了法律空白。互联网技术创造了人类生活的新兴领域,传统的社会价值观念、市场规则甚至社会结构都受到了前所未有的冲击。“法的关系正像国家的形式一样,既不能从它们本身来理解,也不能从所谓人类精神的一般发展来理解,相反,它们根源于物质的生活关系……”[1]随着经济基础的改变,作为上层建筑的法律需要不断调整以回应技术的发展。然而,互联网产业更新换代的速度及范围已经远超以往的所有经济形态,加之私主体一直在规则制定中占据主导地位,尽管国家在监管方面付出了大量努力,但法律的滞后性在互联网技术时代更加凸显。[2]

### (二)主权国家的介入

20世纪90年代后期,随着网络用户的急剧增加,以及网络行为的日趋复杂,网络安全问题开始成为各国关注的焦点。2007年,爱沙尼亚政府拆除苏联红军解放塔林纪念碑不仅引发群众示威游行,更导致黑客对爱沙尼亚国会、政府部门、银行以及媒体等网站进行了长达三个星期的大规模网络袭击,[3]该事件被视为第一场国家层面的网络战争。[4]

---

〔1〕 中共中央马克思恩格斯列宁斯大林著作编译局编译:《马克思恩格斯文集》(第2卷),人民出版社2009年版,第591页。

〔2〕 参见吴志攀:《“互联网+”的兴起于法律的滞后性》,载《国家行政学院学报》2015年第3期。

〔3〕 See Peter Margulie, “Sovereignty and Cyber Attacks: Technology's Challenge to the Law of State Responsibility”, *Melbourne Journal of International Law* 14, 2013, pp. 496 - 519.

〔4〕 See Newly Nasty, “Defences against cyberwarfare are still rudimentary”, *The Economist*, 2007 - 03 - 24.

2010 年,蠕虫病毒 Stuxnet 侵袭伊朗核设施,严重挫败伊朗核计划。根据"欧洲晴雨表"2013 年的统计,欧盟约有一半的互联网用户是网上诈骗的受害者,此外,网络攻击、黑客入侵及儿童色情内容等也是他们普遍担心的问题。[1]

私主体的私利性决定了其行为可能带有狭隘性,一些打着"自由"旗号滥用权利的行为严重威胁到国家安全、社会利益及个人权益。主权国家开始介入甚至强化对网络活动的监管与规制,网络空间作为免受干扰的独立空间的概念早已消逝,法律的生存危机已然渡过。此外,行业自制在对法律提出挑战的同时也促进了法律的进化,网络空间对公民及国家的重要性是国家积极治理的动力源泉。此时的网络空间经历了从"去主权化"到"再主权化"的转变,主权国家之间虽然对诸多问题尚未达成一致,但在实践中均无一例外地参与治理,由此逐渐形成以主权国家为主导并符合各国网络治理特色的法律体系。网络主权的缘起便在于这一新兴空间上述秩序功能的失位,因此,网络秩序的维护有赖于主权国家的积极介入。

首先,自我规制的有限性。将网络空间作为挑战领土主权的"第五空间"或许是因为这一概念源于科幻小说。1999 年,尼尔·史蒂芬森的小说《加密宝典》(*Cryptnomicon*)提出了一个令人兴奋的假设,那就是在一些偏远的国家建立一个"数据天堂",此处法律毫无用武之地。网络自

---

〔1〕 See Special Eurobarometer 404, "CYBER SECURITY", http://ec. europa. eu/commfrontoffice/publicopinion/index. cfm/Survey/getSurveyDetail/search/404/surveyKy/1073, June 15, 2019.

由主义者利用了互联网对国界模糊化的特点，通过对这一特质的强调，将现实中的非法活动——无论是赌博、知识产权犯罪还是间谍等活动，通过信息的实时传输，被简单地转移到一个看似遥远、无法控制的地方。早期的自我规制带有明显的私利性，私主体自发形成以技术为导向的规则，大型网络公司利用优势地位将规则扩充和推广，建立并推行符合自身利益的国际标准。同时，法律的空白为网络自由主义者积极推行自我规制、徘徊在法律边缘提供了可能。正如约翰·吉尔莫（John Gilmore）的经典概括："网络将审查视作故障，并绕道通过。"[1]然而实践证明，网络自由主义者幻想的"完美乌托邦"早已被日益严峻的网络问题彻底粉碎，法律作为维持秩序的工具履行使命，以可预期和可遵循的规则约束体系暴力、明确权利义务以及保障平等发展。

其次，法律的回应性。法律从未放弃挑战自我，在面对新的社会关系时"旧法律"的目标设定及价值追求并未完全过时，除非相关法律明显濒临死亡，否则对原有规则的遵守仍有必要。对原有规则的适用也引发了一个冲突与对抗的过程，互联网技术对法律发起的挑战为立法者的反思提供了契机，督促其重新审视原有法律目标的合理性与价值取向。当然，这是一个不完美的过程，但也是法律进化必须经历的过程，是法律对现实需要的积极回应。法律的回应性要求它能对多元社会需要和变迁的社会关系进行适当调整，尽管这并不意味着法律要包容所有的社会需要，接纳所有变迁的社会关系。因此，早期网络自由主义所主张的绝对

---

〔1〕 John Gilmore, Lawless, *The Economist*, 1995 - 07 - 01.

自由不可避免地出现合法性危机,这种以技术为导向形成的秩序是不确定的、无法预见的,也是难以长久维持的。尽管法律有着不可避免的滞后性,但只有在法律设定的权利与义务框架下才能实现网络空间稳定、可预期和长久的发展。这不应是法律的自大,也不能说是立法者"致命的自负",而是法律作为从古至今、从中到外之社会关系的最权威的调整方式,作为人类文明秩序的最重要的构造机制所理应肩负的社会使命。[1] 以杰克·古德斯密斯(Jack Goldsmith)教授和蒂姆·吴(Tim Wu)教授为代表的学者开始提出互联网并非独立空间——网络世界常被称为"地方"(place)或"空间"(space),"网络空间"(cyberspace)的表述只不过是一个浪漫的学术隐喻,使人误解在这一空间内人们可以做法律所禁止的事情。[2] "网络空间"只是隐喻,它实质上是依靠铜线、光纤电缆、专用路由器和交换机等物理传输基础设施将信息进行传递。[3] 从法律角度来讲,人类通过互联网技术从事的一些活动,与通过传统手段从事的类似活动并无本质区别,[4]很难认定网络空间与传统物理空间的法律规则完全脱离。互联网技术的变革只是将人类的行为延伸至网络空间,并非脱离主权国家的管辖。这些理论也体现在立法实践中,这一

---

〔1〕 参见谢晖:《法律的模糊/局限性与制度修辞》,载《法律科学(西北政法大学学报)》2017 年第 2 期。

〔2〕 See Tim Wu, "Strategic Law Avoidance Using the Internet: A Short History", *Southern California Law Review Postscript* 90, 2016, pp. 7 – 20.

〔3〕 See Jack Goldsmith and Tim Wu, *Who Controls the Internet?: Illusions of a Borderless World*, New York, Oxford University Press, 2006, p. 73.

〔4〕 参见黄志雄:《国际法在网络空间的适用:秩序构建中的规则博弈》,载《环球法律评论》2016 年第 3 期。

时期,各国在调整原有社会关系的基础上不断反思,制定符合网络空间特性的法律并不断调适。

最后,国家利益的维护。对互联网来说,最大的危险不是政府的过度反应,而是政府的不作为。[1] 全球治理赤字问题导致网络空间危机四伏,不仅用户个人的隐私、财产和安全受到了威胁,一些违法活动甚至直接挑战国家安全。国家对网络空间的严控不仅是为了保障本国内部的政治安全,更是为了防止外部攻击。例如,2008 年“南奥塞梯”事件引发格鲁吉亚和俄罗斯之间的战争,其中网络攻击成为国家间对抗的主要形式。随着军事战争开始,两国之间的网络大战也进入白热化阶段,网络攻击导致格鲁吉亚官方网站几乎全部瘫痪,直接影响其战争动员与支援能力。虽然网络攻击发生在两国交战时,但并无证据证明相关国家政府直接参与了攻击。[2] 再如,2007 年,爱沙尼亚网络攻击事件,事后调查显示发动网络攻击的电脑来世界各地,尽管有指控指向俄国政府,但是没有确凿的证据能够证明是俄国发动的攻击。[3] 2022 年,俄乌冲突中传统战争和网络攻击交织的“混合战”更加凸显网络空间国际安全的重要性。网络攻击因具有私人性和隐秘性等特点,使得国际法上的归因问

---

〔1〕 See Jack Goldsmith and Tim Wu, *Who Controls the Internet?: Illusions of a Borderless World*, New York, Oxford University Press, 2006, p. 145.

〔2〕 See Matthew J. Sklerov, “Solving the Dilemma of Sate Responses to Cyberattacks: A Justification for the Use of Active Defenses against States Who Neglect Their Duty to Prevent”, *Military Law Review* 201, 2009, pp. 1 – 85.

〔3〕 See Sheng Li, “When Does Internet Denial Trigger the Right of Armed Self-Defense?”,, *Yale Journal of International Law* 179, 2013, p. 199.

题更为复杂,[1]但其带来的破坏性和严重性并不亚于常规武器战争所带来的类似后果,而攻击行为也与所涉国家的战略目的紧密交织,这无疑凸显了网络冲突中的国家利益。网络攻击常发生在国家间的紧张对峙甚至武装冲突期间,而袭击的目的也与所涉国家的战略利益紧密交织,这无疑放大了国家主体在网络冲突中的角色和地位,使得国家利益在网络治理问题中凸显。

1996年到2001年是互联网发展爆炸时期,美国率先制定网络空间行为规范,陆续通过了《禁止电子盗窃法》《数字千年版权法》《互联网税务自由法》等一系列法律法规。主权国家干预的必然性在实践中得到进一步印证,2000年英国的《通信监控权法》、印度的《信息技术法》、2006年欧盟的《数据保留指令》等。[2] 泰国于2007年通过《电脑犯罪法案》,该法案除了规制网络违法行为外,还禁止利用网络"诽谤、攻击或威胁国王、王后、王储及摄政",这一特殊规定也成为政治动荡时期泰国政府介入网络空间活动的重要手段。[3] 除了保障本国内部的政治安全,各国对网络空间的严控还在于防止外部攻击。"9·11事件"后,美国持续加大网络监控力度,先后通过了《爱国者法案》《国土安全法案》《保护美国法案》等法案,旨在加强国家层面的网络安全。主权国家通过建立和完善网络监管法律制度,重新确立在网络空间中的权威,将虚拟空间中的社

[1] 参见黄志雄:《论网络攻击在国际法上的归因》,载《环球法律评论》2014年第5期。

[2] 2006年,西方研究机构调查了40个国家,出于各种不同的政治原因,有26个国家对公民接入的互联网进行了过滤。

[3] 参见刘杨钺、杨一心:《网络空间"再主权化"与国际网络治理的未来》,载《国际论坛》2013年第6期。

会活动和行为主体置于国家的管辖之下。

（三）国际合作初探

如果说国内法律制度的建立是国家对内主权的彰显，那么国际交往与合作就是对外主权的应有之义。网络空间具有全球性，仅凭一国之力难以攻破传统治理模式下的难垦之域，国际社会亟须全球性的解决方案，这意味着合作将是网络空间治理的长久主题。2012 年年底，国际社会围绕《国际电信规则》修改问题展开全球角力，是否将互联网纳入该准则管辖之下成为讨论的核心内容，[1]此次修改凸显各国在治理问题上的尖锐冲突。网络空间旧有国际规则渗透着特定国家的利益主张，而国际社会要求利益平衡的呼声又日益强烈，这种缺陷与矛盾导致国际合作进程屡屡受阻，缺乏实质性进展。至此，虽然各国在网络空间治理问题上冲突与摩擦不断，但并未放弃合作的尝试，冲突与合作经常处于深沉的张力之中，并呈现阶段性起伏。

1. 多边层面的国际合作

联合国大会自 1998 年以来一直关注国际安全背景下信息通信技术的发展，并于 1999 年通过第 53/70 号决议。此后，联合国大会通过了多项决议，主要成就之一是在 2004 年、2009 年、2012 年、2014 年、2016 年和 2019 年连续设立了联合国信息安全政府专家组（UNGGE），第一届 UNGGE 在 2004 年未能达成共识，因此未通过任何报告。随后 UNGGE 分别于 2010 年、2013 年和 2015 年通过了共识报告。2013 年 UNGGE 报

---

〔1〕 参见刘杨钺、杨一心：《网络空间“再主权化”与国际网络治理的未来》，载《国际论坛》2013 年第 6 期。

告被认为是网络空间国际规则共识的里程碑，它肯定了国际法，尤其是《联合国宪章》在网络空间的适用，该观点在2015年报告中得到了重申。2016年UNGGE因各方对报告草案34段所涉及的国际人道主义法、自卫权和反制措施等问题上存在争议而未能达成一致。2017年第五届UNGGE谈判破裂，一度使网络空间国际规则制定进程陷入僵局，但国际社会仍承认之前达成的共识并对未来谈判予以厚望。联合国新成立的不限成员名额的联合国信息安全问题开放式工作组（OEWG）成为推动网络空间国际规则发展的新鲜动力。2018年，联合国大会通过由俄罗斯、中国和中亚地区的部分国家提出的关于新进程的单独建议，成立不限成员名额的"开放式工作组"（UNOEWG），同时联合国大会决定于2019年继续成立新一届政府专家组（UNGGE）。[1] 至此，联合国网络安全规则进程开启"双轨制"运行的新阶段，二者能否为规则制定带来新的机遇还有待考察。除UNGGE外，联合国打击网络犯罪专家组是各国讨论和制定网络犯罪国际规则的平台，但不同阵营围绕是推广适用《布达佩斯公约》还是制定新的公约尚未达成一致。2003年和2005年，信息社会世界峰会（WSIS）先后在日内瓦和突尼斯分两阶段举行，会议通过了《原则宣言》《行动计划》《突尼斯信息社会议程》等一系列成果文件。

以联合国为代表性的多边平台承载了数项网络空间国际规则进程，有的议题逐步凝聚共识，有的议题不同阵营交锋激烈，有的议题受阻后

---

〔1〕 OEWG是2018年12月由联合国大会通过的第73/27号设立的与联合国信息安全政府专家组（UNGGE）并行的机制，以呼吁会员国继续研究信息安全领域现有威胁和潜在威胁及为消除威胁可采取的合作措施。

重启前行。网络空间国际秩序的构建受各方博弈以及联合国机制有效性等问题的制约进展缓慢,但相关规则仍有望在联合国平台上协调制定。

2. 区域、双边层面的国际合作

国际组织在网络空间安全问题上比较活跃,如东盟(ASEAN)、欧盟(EU)、北大西洋公约组织(NATO)和上海合作组织(SCO)等,但具有代表性和影响力的区域性条约屈指可数,大多数因缺乏法律效力或其本身带有局限性,尚未得到国际社会的普遍认可与执行。2001 年,欧洲理事会通过世界上第一个规制网络犯罪活动的国际公约——《网络犯罪公约》,除欧洲理事会各成员国外,美国和澳大利亚等非欧盟国家也签署了该公约。[1] 该公约虽有一定的影响力,但仍存在不少局限性,难以发展为全球性条约:一方面,公约在制定过程中缺乏广泛的代表性与包容性,反而成为特定历史阶段满足特定国家利益的产物,致使一些国家,尤其是发展中国家参与度不足;另一方面,公约在内容及程序上的缺失也导致其无法适应打击网络犯罪的新需求。为改变这一现状,中国、俄罗斯等国倡导在联合国框架下制定新的全球性公约,俄罗斯已于 2017 年 10 月 16 日向联合国大会提交《联合国打击网络犯罪国际合作公约草案》。可见,在网络犯罪公约的制定中,是继续推广原有的公约,还是在联合国框架下搭建新的公约,老牌网络国家和新兴国家形成两大阵营,短期内难以达成共识。

---

〔1〕 截至 2020 年 8 月 7 日,已有 65 个国家签署了该《网络犯罪公约》。See https://www.coe.int/en/web/conventions/full-list/-/conventions/treaty/185/signatures, June 15, 2020.

除了区域层面,双边层面开展合作亦有进展。2019 年,中、法就网络空间治理达成共识,重申以《联合国宪章》为代表的国际法适用于网络空间,并致力于在联合国的框架下制定各方普遍接受的有关网络空间负责任行为的国际规范。此外,中欧、中韩等国家和地区间的网络安全对话、论坛机制也运行多年。这标志着主权国家在网络问题上态度的转变——由冲突转向互相协调,共同化解单一主权国家解决网络问题的局限性。尽管学者们曾聚焦于主权国家对本国网络监管的程度、范围以及对公民的影响,但当前更迫切需要协调网络相关问题的国际关系。[1]

3. 非国家行为体的运动

在推动网络空间规范的发展上,国际法学者与跨国公司表现得尤为突出。2017 年,由海牙战略研究中心(HCSS)与美国东西方研究所(EWI)共同倡议的全球网络空间稳定委员会(GCSC)正式组建,并于 2019 年发布《提高网络空间稳定》报告,提出 8 项维护网络空间稳定的规范、4 项原则与 6 条建议。该组织由企业、社群以及网络安全领域的专家组成,其发布的报告在网络空间"软法"制定中具有一定的影响力。[2]由北约卓越网络合作防御中心邀请"国际专家组"拟定的《网络行动国际法塔林手册》(以下简称《塔林手册》)从 1.0 的出台到 2.0 的更新,始终

〔1〕 在相关争论中,第一代观点认为网络空间应由私主体自我规制,而第二代观点则主张主权国家的介入,第二代观点显然被普遍接受,认为政府可以而且应当规范互联网活动,从而促使互联网活跃分子转向求助美国政府保护互联网的原始性、不可预测性和不受控制的性质。

〔2〕 欧盟《网络安全法案》和法国《巴黎倡议》均在不同程度上对 GCSC 的报告有所采纳,联合国大会数字合作高级别小组在数字合作报告《相互依存的数字时代》中对 GCSC 的工作表示了认可。参见郭丰、林梓瀚、胡正坤:《基于全球网络空间稳定进程的"国际软法"建构与演变》,载《信息通信技术与政策》2020 年第 6 期。

聚焦网络战争的国际法规则，试图对网络战争是否适用一般国际法等诸多争议予以回应。微软公司作为网络空间国际规则推进中有影响力的参与者，在 2015 年提出一系列针对国家的行为规范，并在 2016 年的报告中提出国家为减少网络冲突应当遵守的 6 项网络安全行为规范。[1] 2018 年，微软呼吁制定"日内瓦数字公约"，而后又联合其他科技巨头签署《网络安全科技公约》，试图建立规范跨国公司的行为框架。

专家或跨国公司对相关规则的澄清或倡议均属于非官方进程，虽缺乏法律约束力，却有一定的法律地位与说服力。然而，非国家主体的活动不可避免地带有某些国家或组织的利益偏好，需要国际条约予以限制与矫正。例如，在《塔林手册》的专家组中，西方国家的专家人数和影响力都占有绝对优势，其内容也必然带有"西方血统"。此外，其对实然法的澄清和编纂带有较大的主观和"自由裁量"色彩，有"专家造法"之嫌。

## 二、网络空间国际规则塑造的各方博弈

"再主权化"的实践并不意味着网络空间已经实现有效治理，全球治理的体系化发展和进化必须以价值共识为基础，而利益博弈是当前全球治理困境的根本原因：网络霸权国家对网络基础资源的垄断不断消蚀着网络弱国的信息控制力和决策力，双重标准的"自由主义"是其维持集权

[1] See A. McKay & others, "International Cybersecurity Norms, Reducing Conflict in an Internet-Dependent World" (Microsoft 2015), https://www.microsoft.com/en-us/cybersecurity/content-hub/reducing-conflict-in-lnternet-dependent-world, June 20, 2020.

与宰制局面的最佳工具，而在治理基本问题上的分歧是利益主张在规则层面的最终体现。

（一）网络基础资源分配的不均

出于历史原因，互联网名称与数字地址分配机构（ICANN）作为网络基本资源最重要的管理机构之一，一直由美国掌握着实际控制权。[1] 这种"ICANN私有化"导致互联网关键资源的管理权集于一国或少数国家之中，将其他国家的互联网纳入少数国家的实际控制之下，这种强者越强、弱者越弱的"丛林法则"成为互联网发展失衡、数据鸿沟日益扩大的催化剂。技术赋权意味着享有压倒性互联网技术优势的国家能够主导网络空间资源的重新分配——包括财富、权力、话语权以及影响力等，获得垄断网络空间治理的权力，进而在体系中占据绝对主导地位。网络基础资源配置的不平衡导致治理权的不平等，网络弱国毫无国际话语权，甚至连自身的网络安全都无法保障，随时可能受到恶意攻击；而网络强国则毫无忌惮，大力推行符合自身利益的国际规则，既维护其霸权地位又为其监控他国提供便利，网络空间秩序的混乱也由此产生。

（二）理论与实践的疏离

对于网络空间全球治理问题所进行的体系性阐述中，西方学者常围绕利益攸关方的重要性及其作用展开，甚至将其置于关键地位，但是这

---

[1] 美国虽已移交ICANN的管理权，但其核心利益未受到实质影响。ICANN全球唯一的主根服务器在美国，其他12台辅根服务器9台在美国，其余3台分别分布在日本、英国与瑞典。自2001年之后，互联网的13台根服务器不再有主根和辅助根之分，在这之上多了一个"隐藏发布主机"，互联网根区文件和系统，都在那个主机上，13台根服务器从那个主机里直接读取配置。这个配置的具体操作，由美国公司威瑞信掌握。

种重视仅局限于理论研究，实践中没有任何一个国家真正放弃管理。这也出现了两种看似矛盾却客观并存的现象：一方面，西方学者提出交由利益攸关方治理网络空间，主张减少甚至排斥主权国家的干预；另一方面，政府却不断加强对网络活动的监控。事实是，作为当前网络空间全球治理的先发国，美国倡导网络自由主义，[1]意在构建去国家化的网络政治模式，这不仅体现在技术层面，更体现在说服力和影响力等软实力方面。同时，美国从国内外两个层面加强网络监控。在国内层面，自"9·11事件"以来，美国颁布了一系列法案来加强管理力度，《爱国者法案》和《国土安全法案》中都包含监控互联网的条款，授权政府或执法机构监控和屏蔽任何"危及国家安全"的互联网内容。理论桎梏与各国公平参与的诉求相互碰撞，导致国际上存在两种相互冲突的网络空间治理模式：一种是美国及其盟国提倡的多利益攸关方治理模式。美国已宣布多利益攸关方治理模式是网络空间全球治理的基本框架，强调"所有适当的利益攸关方"的作用，如私营部门、学者、个人和政府等。[2] 虽然美国有基于言论自由的考虑，但实质上自下而上的治理更符合美国优先。另一种则是中国和俄罗斯等国主张的以主权国家为主导的综合治理模式，强调在政府主导下通过多边或双边条约促进各方协调，各国平等参与决策，并涵盖利益攸关方协同解决网络问题。同时，他们主张通过具

---

〔1〕 2010年在希拉里的主导下，美国国务院逐渐形成了"互联网自由"的概念，网络自由战略作为美国政府外交战略工具和理念，为美国国家利益服务。《华盛顿邮报》报道，希拉里曾宣布要把"毫无控制的网络进入"作为一项最高外交政策的优先目标。

〔2〕 See U. S. Int'l Strategy For Cyberspace, http://www.whitehouse.gov/sites/default/files/rss_viewer/international_strategy_for_cyberspace.pdf, May 20, 2020.

有代表性的国际组织开展合作,乐于在联合国框架下开展对话并取得积极结果。越来越多的网络新兴国家要求改变治理权失衡的现状,努力争取平等的网络话语权。

国际法是国际社会的行为规则和指南,这些规则和指南从表面上看是静态的,是对权利和义务的配置,但在深层却是一种力量的博弈,是一种利益的划分。[1] 从这个意义上讲,谁能享有网络空间治理规则的主导权,谁就能在规则的制定及实施过程中更多地实现、维护自身利益,这也是网络空间全球治理之争的根本原因——各阵营利益诉求的差异导致权力的配置与划分缺乏合理性,维护公平正义的制度供给不足。网络基础资源的有限性与网络发展中国家话语权诉求的异质性,进一步加剧了网络空间的复杂性和动态性,一度使治理新秩序的构建陷入困境。

(三)国家主权与网络自由主义的矛盾

第一代网络自由主义论者约翰·巴洛等人否认政府对网络空间的治理,宣称该领域拥有“自我主权”(Cyberspace as Sovereignty),通过非正式治理框架发布的标准和各类技术协议逐渐形成互联网运行的基本规则体系,诸多棘手的公共问题在无政府状态下的有效解决,使得网络活动者们相信他们已经创造出一种新的维持网络空间秩序的形式。在此背景下,西方将网络自由主张与自身意志相结合,指出网络空间属于“全球公域”,强调对个人的关注和对国家主权的排斥。然而,网络空间政治安全悖论的客观实在性表明,互联网已在政治领域展现越来越大的

---

〔1〕 参见何志鹏:《走向国际法的强国》,载《当代法学》2015 年第 1 期。

政治威力,特别是互联网带来的负面乃至是颠覆性政治影响,要求各国不断加强对网络空间安全的维护。[1] 国家主权与网络自由主义的分歧本质上是全球公利和私利之间的博弈。各国出于维护国家安全、社会安定及公民权利的考量,通过法律化和制度化来捍卫其在网络空间中的主权权威。网络自由主义则意在淡化网络空间的主权属性,试图限制政府权力,维持私营企业等非政府组织的影响力。

## 三、网络空间国际规则协调的未来趋势

从工具主义视角出发,国际规则是国家基于理性选择而达成的合作,可以明确各国的利益诉求,发挥调节成员国利益冲突的作用;从建构主义视角出发,国际规则可以塑造各国的身份认知,凝聚社会认同。此时,国际规则就成为树立这些共识的载体和得以持续的支撑。国际法,特别是《联合国宪章》,是国际关系的基础,对维护国际和平与安全至关重要。[2] 国际法是否适用网络空间的"第一代问题"已经解决,当前面

---

〔1〕"安全悖论"(security dilemma)是国际政治中的经典概念,指国家为了保护其安全需要而进行的自助尝试往往会导致他国不安全感的增加,为此每个国家都将自身措施解释为防御性的同时,将他国的措施视为可能的威胁性。See J. Herz, "Idealist Internationalism and the Security Dilemma", *World Politics* 2, 1950, pp. 171 -201.

〔2〕值得注意的是,联合国信息安全政府专家组2013年和2015年的共识报告都承认了这一点。See UN doc., A/68/98, para. 19, June 24, 2013; UN doc., A/70/174, para. 24, July 22, 2015.

临的是如何适用的“第二代问题”。[1] 通过从UNGGE共识报告、各国实践及非国家行为体的活动中寻求可协调的共识,以此研判规则升级趋势,把握发展规律。

(一)承认主权原则在网络空间的可适用性

2013年UNGGE共识报告指出,国家主权及源自主权的国际规范和原则适用于信息通信技术活动,国家对其领土内的信息通信技术基础设施有管辖权。[2] 2015年包括UNGGE共识报告在内的系列国际文件重申网络主权已达成国际共识。[3] 2016年,上海合作组织呼吁国际社会根据合作和尊重国家主权原则,建立一个和平、安全、公平和开放的网络空间。[4] 而后,各国纷纷表达了自己的主张与立场。2017年,荷兰外交部部长指出,网络不法行为印证我们需要主权和不干涉原则的适用,网络主权是荷兰政府在网络活动中遵循的首要原则。[5] 2019年,法国《适用于网络空间行动的国际法》明确,“主权原则适用于网络空间。法国对

---

〔1〕 无论是学者论述还是国家实践,均对国际法适用于网络空间达成共识。See Delerue F., *Cyber Operations and International Law*, New York, Cambridge University Press, 2020, pp.4-13.

〔2〕 See UN doc., A/68/98, para. 19, June 24, 2013, para. 20.

〔3〕 See "Group of Governmental Experts on Developments in the Field of Information and Telecommunications in the Context of International Security", 2015 Report para. 27, UN Doc. A/70/174, July 22, 2015.

〔4〕 See The Tashkent Declaration of the Fifteenth Anniversary of the Shanghai Cooperation Organization, Embassy of The Republic of Uzbekistan in The Republic of Latvia, June 28, 2016, http://uzbekistan.lv/en/the-tashkent-declaration-of-the-fifteenth-anniversary-of-theshanghai-cooperation-organization, Accessed May 20, 2020.

〔5〕 See Bert Koenders, Foreign Minister, Neth, Remarks at The Hague Regarding Tallinn Manual 2.0, Feb. 13, 2017.

位于其领土上的信息系统行使主权。"[1]此外,《塔林手册》的制定也是以"国家主权"这一现代国际法的基础概念为基点,《塔林手册 2.0》的第一章以大量篇幅阐释了主权在网络空间适用的 5 条规则。微软提出的国际网络安全规范手册也提出了国家行为的标准,并公开宣称网络安全规范的制定应以国家为中心。

(二)软法规范的兴起

网络空间的国际"软法"趋势在 UNGGE 的工作中最为明显,2015 年的报告强调"负责任的国家行为的自愿性,不具约束力的规范"的优势,[2]称"软法"可防止网络空间冲突,促进国际合作并减少安全风险。实践中,国家意志与非国家行为体的行动共同促进了网络空间国际"软法"共识的达成。

首先,各国普遍缺乏解释或制定国际法规则的意愿,反而寻求模糊的"软法"规范的庇护。第五届 UNGGE 谈判的失败,不仅在于各国对"国家责任"议题的歧异,更在于发达国家期望将尚未达成共识的条文具化。[3] 事实上,过早强调具有约束力的条款会引发各方反感和产生抵触情绪,将相关国际规则的制定、解释与适用变为国际博弈的新角斗场,不仅难有共识,还会加剧网络空间全球治理机制、平台和相关规则的碎片

---

[1] 《法国国防部发布〈适用于网络空间行动的国际法〉》,王岩译,黄志雄、谢垚琪校,载《武大国际法评论》2019 年第 6 期。

[2] See Report of the Group of Governmental Experts on Developments in the Field of Information and Telecommunications in the Context of International Security, UN Doc. A/70/174, July 22, 2015 (GGE Report 2015), at 7, para. 10.

[3] See Nicholas Tsagourias, "The Slow Process of Normativizing Cyberspace", *AJIL Unbound* 113, 2019, p. 75.

化和阵营化，致使网络空间国际法无法得到专门、系统地编撰与澄清。其次，规则主导国家缺乏制定“硬法”的动力，此时，法律的不确定性成为隐含的竞争方法。例如，在太空探索的早期，只有美国和苏联两个国家能够在外太空行动，一段时间里，双方都抵制任何有约束力的外层空间规则避免限制其活动。[1] 同理，网络空间参与者同样通过技术优势占有网络资源，垄断网络空间治理权，因此他们为固化既得利益而不愿创设新的规则。最后，主权国家的自愿撤退留下了权力真空，为非国家行为体参与软法制定预留了空间。以《塔林手册》等学界编撰以及互联网巨头的倡议文件为代表的软法在一定程度上弥补了规则空白。非国家行为体治理结构相对扁平，可以迅速应对突发事件与规则缺失，议题范围也更加广泛。同时，由于网络空间的特殊性，该领域的技术标准往往由行业内权威性企业或行业协会制定，对规则的发展有着重要的指引示范作用。但《塔林手册2.0》部分内容超前于国家实践，是通过类推的方式设想网络空间可能遇到的问题并加以回答，以事先指引各方行为、明确行为责任、预防不法行为带来的危害，此种规则制定模式的合理性还有待考察。

（三）非国家行为体的积极作用

WSIS的重要成果之一即是提出多利益攸关方模式，为非国家行为体参与规则讨论提供了合法性。根据WSIS会议成果，在联合国支持下，互联网治理论坛（IGF）从2006年开始每年举办，吸引了全球众多的网络

---

[1] See Kubo Macak, “From Cyber Norms to Cyber Rules: Re-engaging States as Law-makers”, *Leiden Journal of International Law* 30, 2017, p. 887.

安全专家与会。当然，《突尼斯议程》对 IGF 的作用和功能进行了严格限定，"IGF 既不履行监督职能，也不取代现有的安排、机制、机构或组织……论坛同时可作为一种中立、无约束力的程序"。然而，西方国家坚持的"多利益攸关方"模式则有所不同，是非国家行为体过度参与规则制定与秩序建立的典型例证。例如，2016 年，长期处于美国支配下的 ICANN 由多利益攸关方接管后，各国政府参与度仍严重不足，维护公共利益的手段有限，美国继续享有网络实际控制权，新兴国家和发展中国家的参与权和影响力未获得实质性提升。总之，非国家行为体的活动在网络空间引发了诸多关注，这一方面符合全球化的发展趋势以及全球性问题解决的客观需求，另一方面也反映出互联网企业、技术专家和学者对于维护网络空间安全的迫切呼唤。实际上，建立网络空间秩序也需要非国家行为体的积极推动，他们并未简单止步于技术领域的领先优势，而是试图在国际规则层面产生更多影响力，其参与甚至主导制定的规则日趋重要，部分内容已被国家或国际组织的文件所采纳。

# 第二章　数据主权的勃兴与发展：从网络主权到数据主权

全球互联网治理的可能性和具体方案,从根本上来说取决于人们对于互联网和主权关系的理解:是采取传统国家为主体的治理方式抑或后主权国家的网络空间自我规制,取决于人们对互联网是否超越主权国家管辖权这一问题的基本判断。[1] 从网络空间治理的发展脉络来看,主权国家在对内、对外两个层面的回归是不可逆转的客观趋势,进一步明确网络主权观在治理体系中的核心地位。主权国家主导地位的确立是推动网络空间全球治理体系变革的必然要求,是网络空间全球治理迈向法治化的重要基础。数据主权作为网络主权在互联网治理架构中内容层的映射,[2] 对数据的利用、保护和监管亦是涉及国家主权和利益的一项

〔1〕 参见刘晗:《域名系统、网络主权与互联网治理历史反思及其当代启示》,载《中外法学》2016 年第 2 期。

〔2〕 参见王佳宜:《从分歧到共识:网络空间国际规则制定及中国因应》,载《中国科技论坛》2021 年第 8 期。

重要内容,数据主权成为网络主权下的应然命题。[1] 网络空间安全保障数据安全,网络主权的弹性演进是数据主权生成的前提与契机。

## 一、网络主权的弹性演进

### (一)网络主权的逻辑正当性与"限度"考察

数据主权始于网络主权。网络空间经历了从"去主权化"到"再主权化"的转变,在从"自由放任"走向"规则与法治"的过程中,网络主权虽已成为网络空间全球治理的核心原则,但其逻辑正当性仍需阐明,进而有利于对数据主权的缘起进行有效论证。主权是不断演进发展的概念,它随着时代环境的变化而动态改变,网络空间全球治理呈现出多元主体、去中心化的治理模式,这也意味着传统的权威管辖在这种模式中被边缘化,从而表现为一种"有限度的"主权。

第一,主权国家在关键问题上的主导地位仍无法撼动。主权是一个历史范畴,它产生于特定的历史时期,同时主权也是一个动态发展的概念,它随社会的发展而演变。网络主权有其特殊性,在一定程度上呈现弱化和让渡的趋势。传统的主权理论认为主权是"绝对且永久的权力",[2] 是不能分割、不能共享的权力。显然,网络空间中的国家主权已很难再做如此定义。互联网的"去边界化"必然使得国家在诸多方面的

---

[1] 参见何傲翾:《数据全球化与数据主权的对抗态势和中国应对——基于数据安全视角的分析》,载《北京航空航天大学学报(社会科学版)》2021 年第 3 期。

[2] 参见[法]让·博丹:《主权论》,李卫海、钱俊文译,北京大学出版社 2008 年版,第 1 页。

权力遭到削弱。这意味着传统的威斯特伐利亚范式下的主权概念受到冲击,以前只属于国家的权限范围现在要与其他主体分享,越来越多的私人主体参与到治理之中。因此,任何国家都不能再简单套用传统的治理模式,而要在其中注入新鲜的血液——利益攸关方,实现管理者与被管理者的协同合作。

第二,主权国家在治理问题上承担重要责任。当前网络空间的全球治理主体呈现多元化趋势,利益攸关方的参与是对互联网技术挑战的回应,是对传统治理模式的补充和发展,而非替代。值得注意的是,囿于"经济人"的逐利性和自私性,非政府组织和个人通常以自身利益最大化为目标,而非以国家利益或全球利益为价值导向。因此,应理性评估利益攸关方在治理中的地位与作用,既不否定其参与治理的现实意义,又不夸大利益攸关方治理模式的实施效果。国家作为公共利益的维护者和保障者,在网络空间全球治理体系中是独立又独特的利益攸关方,排斥国家的主导作用,意味着对"丛林法则"的认可,对技术弱势群体利益的侵蚀。"善张网者引其纲,不一一摄万目而后得",[1]主权国家在整个治理体系中仍处于核心地位,国家主权的基本功能并未消失。

现代信息技术将全球史无前例地紧密连接,个人、国家以及国际社会已经被一种看不见的力量相互联结起来,各种利益相互交织,早已难分彼此。网络空间的特殊属性要求我们在新时期、从新视角重新审视主权在其中的功能及作用。其实早在网络空间形成之前,学者们就在经济

---

〔1〕《韩非子·外储说右下》。

全球化背景下重新定义了主权国家在全球治理中的作用，相较于传统概念，现代主权的内涵更为丰富，诸如正当性、自由、问责、平等和安全等现代核心概念成为它所追求的价值。[1] 另有学者立足中国实践，建议中国负担起"负责任的大国"角色，积极参与全球治理对当代国际法的推动。[2] 因经济全球化而产生的全球治理问题与由互联网引发的全球治理问题存在共同之处，二者都使国家间的相互依赖与影响程度日益加深，国家的领土边界变得模糊，国内事务与国际事务也变得越来越难以区分。各方利益的交织与重叠要求主权国家在治理问题上不仅要考虑本国利益，更要本着负责任的态度与国际社会进行有效互动，以解决全球性问题；同时主权国家不再充当网络社会的"守夜人"，而是要积极参与治理，成为公共利益的维护者。基于此，一种负责任的主权观念得以产生，这种责任考验着国家行使主权的方式和效能——行使主权时要满足多元利益诉求和价值目标，不仅要考虑本国政府的利益，也应考虑个人、他国政府及国际社会的利益诉求，同时在限制与自由之间寻求平衡，既维持良好的网络秩序又为技术发展保留必要的空间。

### （二）数据主权是网络主权在内容层的体现

"分层"一直是网络空间治理分析的重要内容，通过分层对不同网络空间治理议题进行归类，更加清晰地把握不同类型治理议题的本质属性与对应的治理方式。网络空间的复杂机制与构架决定了其难以通过单

---

〔1〕 主张主权概念应当跳出原来的国家政府利益为唯一考量的范式，当前西方自由经济主权已经嵌入了许多其他现代价值。

〔2〕 参见李伯军：《全球治理：中国不干涉政策与国际法》，载《太平洋学报》2014 年第 9 期。

一标准进行衡量,主权原则的法律化需依互联网治理架构分层探讨,明晰主权国家在不同层次与维度的介入程度,从而进一步探究数据主权的内涵与性质。

互联网治理架构可分为物理层、规则层和内容层三个层次以及网络活动及其参与者一个维度。[1] 首先,物理层主要包括计算机、电缆、光纤等网络基础设施,其置于主权国家地理空间内,与传统的主权权力最为相近,故管辖权的划分也相对明确。基于领土主权,各国对境内的网络基础设施享有所有权,有权采取措施免受攻击和威胁。其次,规则层主要包括负责信息传输的各种协议和标准,如传输控制协议(Transmission Control Protocol,TCP)和因特网协议(Internet Protocol,IP),即 TCP/IP 协议,以及 ICANN 负责分配和管理的域名设置规则等。当前,互联网核心协议多由国际互联网工程任务组(IETF)和万维网联盟(W3C)等非政府组织开发。维持互联网正常运转的技术规则体系是决定网络空间资源与权力分配的重要依据,而技术规则与法律规则的结合可以有效规制网络行为和规范网络秩序,并引导价值乃至文化的建立。因此,技术规则在一定程度上成为公共政策的重要内容。由非传统公共权威机构开发技术标准在互联网发展中具有历史合理性,但决定权与采用权仍应归属主权国家。实践中,中国应对国内标准与协议制定法律程序与规则,技术专家在开发相关标准时须确保其内容和价值取向与法律要求一致;

---

[1] 此处参考了劳伦斯·莱斯格等诸多学者的分类标准。See Lawrence Lessig, *The future of ideas: the fate of the commons in a connected world*, New York, Random House, 2002, p. 23; Michael Schmitt, *Tallinn manual on the international law applicable to cyber warfare*, New York, Cambridge University Press, 2013, pp. 12 – 15.

国家可以根据自身网络发展情况与安全利益,对国际标准与协议表达采用、拒绝或妥协的立场。再次,内容层涉及互联网传输的各种信息及应用。网络信息主要以电子数据的形态呈现并快速传输,当前国际社会对数据主权的概念存在分歧,虽然一些国家未使用"数据主权"的措辞,但在实践中普遍对数据跨境流动予以规制。各国规制的方式在价值取向和制度设计上存在较大差异,并以美欧为代表形成两大立法范式。最后,在网络活动及其参与者维度适用网络主权同样有据可循。效果原则可以有效缓解因网络空间虚拟特性而导致网络活动难以追踪的困境,一国对在其境内产生一定不利影响的网络活动享有管辖权,无论该活动是否发生在领土内。但为避免管辖权冲突,应为效果原则设定一定的门槛,即"某种程度的影响"方可触发效果原则。例如,网络活动是否对一国产生了"直接的、实质的和可合理预见的效果"。[1] 此外,对于网络活动参与者而言,主权国家依据国籍原则既有权确保本国公民的自由与权利,也有权对违法者依法采取惩罚措施。

## 二、数据主权的确立与勃兴

主权是社会变革和经济发展的产物,网络空间作为新场域重塑了国际法上的主权概念,[2]传统领域的国家主权之争也延伸至此。随着网络

---

〔1〕 See Nicholas Tsagourias and Russell Buchan, *Research Handbook on International Law and Cyberspace*, Cheltenham: Edward Elgar Publishing, 2015, p. 20.

〔2〕 参见欧水全:《场域变化视角下网络空间对国际法上主权概念的重塑》,载《国外社会科学前沿》2021 年第 5 期。

主权原则从法理宣示到实践运用的转变,“网络主权”之内涵向“数据主权”纵深发展。“斯诺登事件”的爆发、网络霸权主义的肆虐以及跨境数据的大规模流动,成为数据主权演化进程中的三个重要历史性节点。

(一)“斯诺登事件”:数据主权演化的奇点

“奇点”一词在数学及物理学领域中,指的是不连续的、具有重要特殊性质的点。到20世纪50年代,美国计算机科学家、数学家、物理学家冯·诺依曼(John von Neumann)赋予了奇点新的意义。他把奇点与技术发展关联起来,指出技术正以其前所未有的速度增长,我们将朝着类似奇点的方向发展,一旦超过了这个奇点,我们现在熟知的人类社会将变得大不相同。奇点,意味着一种可以撕裂人类历史结构的能力。[1] 因此,在社会学科中,将影响事件发展的重大的历史性节点称为奇点。

“斯诺登事件”正是影响数据主权逐渐演化成熟的一个重要跨越点。在“斯诺登事件”之前,主权国家未对数据治理予以过多关注,大体上维持着多利益攸关方治理的基本模式,但这一平衡被“斯诺登事件”所打破。2013年6月,曾为美国中央情报局职员的爱德华·斯诺登披露了美国政府对多个国家公民进行大规模秘密监控的计划,指出美国国家安全局和联邦调查局早在2007年就开始实施大规模监控。美国政府大规模数据监控行为引发了全球不安与激烈争论,国际社会纷纷指责秘密监控行为严重侵犯了个人隐私及相关国家的数据主权。网络数据是网络安全的核心,越来越多的国家试图在网络空间中行使数据主权以有效管控

[1] 参见[美]库兹韦尔:《奇点临近》,李庆诚、董振华、田源译,北京机械工业出版社2017年版,第10页。

网络安全,[1]"数据主权"现象的兴起触发了全球政治反应,数据主权作为热点乃至核心议题频频出现在国际社会的理论研究和实践之中。2013年,时任巴西总统的罗塞芙在联合国大会上猛烈抨击了美国国家安全局针对巴西政府及其本人的监控行为,并于次年在巴西召开"未来互联网治理全球利益相关者大会";[2]德国制定了国家网络策略加强监管力量,明确政府在网络空间治理中的主导作用,在数据监管领域建立"国家路由系统",旨在把德国数据传输保留在本国,不需经过国外线路和节点以防被他国监控;[3]俄罗斯也实施网络控制政策,强调政府对网络治理的主导作用。后斯诺登时代,数据主权的兴起体现在主权国家在数据方面的治理,尤其是数据跨境流动的过程中表现出越来越强势的角色和作用。

### (二)霸权主义:数据主权的冲击与回应

2012年12月,国际数据公司统计了各个国家与地区在"数据地球"中的占比:美国32%,西欧32%,中国19%,印度4%以及其他所有国家与地区共占19%,可见美国在这之中有着绝对的优势。美国利用自身网络空间技术的优势,扩张自身数据主权边界,信息技术成为其实施霸权主义的新型工具。全球网络空间的发展为美国在新领域霸权主义的延续提供了契机。美国通过控制网络关键基础设施,霸占全球数据资源,

---

〔1〕 参见周利敏、钟海欣:《后斯诺登时代网络安全的全球治理》,载《贵州社会科学》2020年第3期。

〔2〕 参见陈少威、贾开:《跨境数据流动的全球治理:历史变迁、制度困境与变革路径》,载《经济社会体制比较》2020年第2期。

〔3〕 参见李恒阳:《"斯诺登事件"与美国网络安全政策的调整》,载《外交评论(外交学院学报)》2014年第6期。

同时不断扩大自身数据主权边界，霸权主义开始在网络空间延伸，严重威胁他国数据主权。霸权主义的肆虐使网络主权的明确与强调成为不可避免的趋势，各国纷纷通过宣示或立法以应对严峻的主权风险问题，避免网络空间成为不受控制的法外之地。网络主权是国家主权的重要组成部分，2013 年 6 月，第六次联合国大会通过的"从国际安全的角度来看信息和电信领域发展政府专家组"第 20 条规定，"国家主权和源自主权的国际规范和原则适用于国家进行的信息通讯技术活动，以及国家在其领土内对信息通讯技术基础设施的管辖权"，不仅确定了国家主权在网络空间的适用问题，也涵盖了对网络空间平台、承载数据的管辖权。[1] 在此背景下，必须对利用信息技术优势而产生的霸权主义进行回应，各国纷纷开始主张数据主权。如何完善国家数据主权法律规制，提高自身的信息技术，成为各国面对网络主权议题时必须思考的问题。

### （三）关系辨析：数据跨境流动与数据主权

跨境数据流动指数据通过通信系统跨越主权国家边界的活动，主要体现为数据基于网络空间而在不同国家之间进行传输并存储、处理的现象。数据具有天然的流动性，全球化的发展进一步加剧数据流动的跨国性。数据跨境流动使国家边界变得模糊，各国之间的数据纠纷越发激烈，其核心在于对数据资源的合理占有与有效利用。[2] 随着数据跨境流动在体量和频率上的指数级增长，其在全球政治经济生活中的重要性日

---

〔1〕 参见联合国裁军事务厅：《从国际安全角度看信息和电信领域的发展》，载 http://www.un.org/disarmament/zh/，2022 年 7 月 28 日最后访问。

〔2〕 参见曹磊：《网络空间的数据权研究》，载《国际观察》2013 年第 1 期。

渐提高，而国际格局博弈放大了跨境数据流动对于国家安全影响的重要性，在现有法律体系无法应对数据安全问题时，建立全新的数据主权体系以应对数字时代下的治理困境成为必要之举。在各国政治、经济、文化差异以及利益诉求不断权力化的驱使下，数据治理问题、治理主体及治理机制呈现多样性与动态性。面对多利益相关方治理模式的这种软弱性，各国政府举起“数据主权”的大旗，再次依托主权寻找数据规制的力量，由此要求各国提出更加具体的主权规则，对网络主权的维度之一——“数据主权”进行构建。为了有效发挥主权的秩序性功能，国家既要通过立法对数据跨境活动予以法律规制，也要正视数字经济时代“效率”价值的重要地位，避免过度僵化地固守传统主权，注意行使数据主权的必要谦抑。[1] 对于行使“数据主权”而言，问题的关键在于当这种主权力量试图转化为现实法律时，究竟如何具有可行性地治理虚拟空间中无形、无界、自由的数据。对此，基于不同的秩序需求，通过数据主权介入具体场景的方式与程度不同，各国形成了差异化的实践表达进路，将虚拟空间的数据纳入现实疆域的管辖之中。然而，强硬的法律结构，尤其是诸如数据存储本地化这种强烈彰显数据主权的表现形式，不可避免地将造成数据壁垒。甚至有学者认为，国家权力的干预在阻挠互联网的自由和开放，并终将导致网络空间的“巴尔干化”。[2] 因此，数据主权的谦抑性要求主权国家合理定位自身角色，禁止绝对型数据本地化并开展

〔1〕 参见刘天骄：《数据主权与长臂管辖的理论分野与实践冲突》，载《环球法律评论》2020 年第 2 期。

〔2〕 See Woods A. K. , “Litigating data sovereignty” , *The Yale Law Journal*, 2018 , pp. 328 – 406.

数据跨境合作,秉承数据跨境流动中多元利益平衡的理念,实现数据主权价值多元化。[1]

数据治理仍是国家主权的一部分,各国有权独立自主地规制在其领土范围内收集和产生的数据,跨境数据流动的法律规制应维系以主权国家为基础的国际公法秩序,以尊重主权差异为原则,以联合国及其下设的国际仲裁机构和国家间司法互助协议为解决争议的主要渠道,通过各国平等参与实现跨境数据的共享共治。[2]

## 三、数据主权的内涵与主要特征

数据主权是网络主权在具体领域发展与运用的结果,对其概念的认识尚未达成统一共识。从规则角度来看,“数据主权是以二进制数字形式转换和存储的信息受其所在国家/地区的法律约束”。[3] 从云服务市场出发,数据主权被理解为“管理某些数据集在国界内如何以及在何处存储的规则,明确了政府访问该数据的权利”。[4] 其他主张则更强调其在国防领域的重要性,是“关于国家防御(国家行为者和非国家行为者)

---

〔1〕 参见卜学民、马其家:《论数据主权谦抑性:法理、现实与规则构造》,载《情报杂志》2021 年第 8 期。

〔2〕 参见刘天骄:《数据主权与长臂管辖的理论分野与实践冲突》,载《环球法律评论》2020 年第 2 期。

〔3〕 Hippelainen L. et al., “Towards depend-ably detecting geolocation of cloud servers”, *Network and System Securit*, 2017, pp. 643 – 656.

〔4〕 Courtney M., “Regulating the cloud crowd”, *Engineering & Technology* 4, 2013, pp. 60 – 63.

外部威胁的国家立法”；[1]数据主权涉及对数据的控制范围和限制，其从表面上看受到来自多个国家的“主权权威竞争主张”的影响，并因“外部影响”而变得复杂。[2] 虽然学界对“数据主权”概念表述不一致，考察的侧重角度不同，但对其内涵和性质的理解是统一的、明确的，至少包括以下几个方面的内容。

（一）数据主权的内涵

首先，数据主权具有对外主权和对内主权两个方面的含义。主权作为国家内部最高的政治权威，代表着对领土范围内的人和事务进行绝对治理的权力。数据主权则是国家在本国数据领域的最高权威，代表着国家对数据的绝对管辖和治理。在对内主权方面，数据主权应当被理解为国家对领土范围内的一切电子信息通信技术设备所承载的数据、一切电子信息通信技术活动所产生的数据以及一切以国内主体为中心，反映国内主体活动内容的数据享有最高的排他性权力；在对外主权方面，这意味着一国有权基于自身需求，制定内外数据政策、开展国际交往，而不受到任何外国的任何形式的干预。数据主权的对内向度决定了一国有权对数据进行有效控制，对外向度则表明各国可以平等参与全球数据治理。对内，数据主权是一种对数据的控制权。有学者指出，“数据主权”意味着国家对一国境内收集的所有数据实施控制，[3]各国政府出于对本

〔1〕 Nugraha Y. et al., “Towards data sovereignty in cyberspace”, *3rd international conference on information and communication technology (ICoICT), Nusa Dua, Indonesia*, 2015, pp. 465 -471.

〔2〕 See Woods A. K., “Litigating data sovereignty”, *Yale Law Journal* 2, 2018, p. 333.

〔3〕 See De Jong-Chen, “Data Sovereignty, Cybersecurity, and Challenges for Globalization”, *Georgetown Journal of International Affairs* 16, 2015, pp. 112 -122.

地数据必要控制的担忧,数据主权化不仅成为各国加强对本地数据控制的有力工具,也成为合理化自身数据域外管辖的主要理据。体现为“数据本地化”要求或采取“数据实际控制者”模式。然而,数据主权对内效力的过度延展将造成对其他国家数据主权的不尊重。而且,与网络主权概念一样,数据主权概念也不能承受无限制的拉伸延展,否则将失去其作为逻辑工具的根本价值。[1] 对外,主权是一种代表与参与的资格。在对外主权方面,国家间应该相互尊重自主选择数字发展道路、数据管理模式、数据治理政策和平等参与国际数据治理的权利,不受外来强权干涉,独立自主地规划和确定本国相关数据法律、法规。

其次,数据主权既是权力(权利),也负有相应的义务。就权力(权利)而言,各国政府有权依法独立自主地制定本国数据战略,制定本国相关数据法律、法规,有权保护本国信息系统和信息资源免受威胁、干扰、攻击和破坏,保障公民在网络空间的合法权益。就义务而言,要求国家尊重他国的数据主权,不应肆意干涉他国数据安全管理模式、互联网公共政策和平等参与数据全球治理的权利,不搞网络霸权,不干涉他国内政,不从事、纵容或支持危害他国数据安全的网络活动。

最后,数据主权涵摄数据产业的自主发展权。数据主权体现为在全球数据流动合作中各国能够平等享有数据资源,享受数字经济的红利。

---

〔1〕 国家主权原则之所以长久地被各国所遵守,正是因为其能够明确国家权力的行使范围和权能内容,从而定分止争的实践价值。然而,国际法话语下的数据主权化却过度偏离了构造国家主权概念的根本意旨,不仅无法实质性地促进对国家数据权利的保障,而且可能使国家主权概念面临混乱。参见陈曦笛:《法律视角下数据主权的理念解构与理性重构》,载《中国流通经济》2022 年第 7 期。

然而，由于数字经济发展水平和技术能力代差的存在，数据鸿沟不断扩大成为国际关系平等性诉求的最大阻碍。数据是被创建的，其本身就嵌入了各种国内和国际特权。[1] 数据成为各国国力竞争的新地域，这不对称的数据流动所产生的吸引力和影响力，在全球战略中发挥了硬实力不可替代的作用，而在这场博弈中，发展中国家极易受到数据霸权的威胁，为了避免数据强国借经济与科技实力进一步强化"数据优势"，借助既有优势在国际规则谈判上长期居于主动地位，塑造数据强国与数据弱国在规则上的"制定—接受"关系，发展中国家应自主发展数据产业，充分利用本国数据资源，完善和发展信息基础设施，满足数据系统技术应用的需求。可以说，发展数字技术已成为发展中国家维护数据主权的关键突破口。

### （二）数据主权的主要特征

在万物皆可数据化的大数据和5G时代，数据化在改变世界的同时，也给传统的主权理论和国家主权安全带来了新的挑战。数据主权作为国家主权的一种新的表现方式，有其独立的法理基础和相应的特征属性。那么，数据主权与传统主权相比有何种特征？网络空间的特殊性又将如何塑造与改变数据主权？

#### 1. 数字时代的"主权困惑"

数字时代的"数字主权"概念，已然偏离自威斯特伐利亚体系以来对

---

[1] 参见蔡翠红：《国际关系中的大数据变革及其挑战》，载《世界经济与政治》2014年第5期。

"主权行为体"与"主权"概念的界定,形成"主权困惑"。[1]

首先,数字化信息具有全球化特征,国家间竞争方式的改变正悄然消解着主权的绝对性特征。传统的政治战争演变为经济战争、科技战争和网络战争,有形战争对主权的影响力下降,经济、科技和网络对主权的影响力快速增强。"谁掌握了信息,控制了网络,谁就拥有整个世界",[2]美国学者阿尔温·托夫勒的预言将数据对主权的重要影响昭然若揭。

其次,随着经济的触角遍布全球,数据天然的流动性使得主权与疆域的吻合关系受到冲击。数据的出现与国家管辖的传统理论形成明显错位。[3] "数据看似随处可见,实际上却无处可循",与传统管辖权下的有形物不同,数据无形性首先对"数据所在地"的判断标准提出了挑战。对此,曾出现"数据访问地"和"数据存储地"两大标准争议,因"数据访问地"标准在司法实践中的可操作性较低,"数据存储地"标准逐渐成为主流。随着数据管辖规则的国际博弈深化,逐渐衍生出诸如 GDPR 的"设立机构标准"和"目标意图标准"、美国 CLOUD 法案的"数据控制者

---

〔1〕 "主权困惑"译自"Sovereignty Puzzle"。See Ole Waver, "Identity, Integration and Security: Solving the Sovereignty Puzzle in E. U. Studies", *Journal of International Affairs* 48, 1995, pp. 389 – 431.

〔2〕 [美]阿尔温·托夫勒:《创造一个新的文明——第三次浪潮的政治》,陈峰译,上海三联书店 1996 年版,第 31 页;[美]阿尔温·托夫勒:《预测与前提——托夫勒未来对话录》,栗旺译,国际文化出版公司 1984 年版,第 113 ~ 126 页。

〔3〕 参见王玫黎、陈雨:《中国数据主权的法律意涵与体系构建》,载《情报杂志》2022 年第 6 期。

标准”等域外数据管辖模式,借此开拓“数字边疆”。[1]

最后,跨国企业和个人的国际主体地位上升对主权概念产生了巨大挑战。互联网巨头的不断涌现,个人和企业权利意识的觉醒正在大幅削弱国家规制数据的能力。随着大型互联网企业掌握的重要数据越发多,以资本为根本驱动力的跨国企业与国家追求的数据主权极易产生冲突,前者受各方资本力量的裹挟而刻意削弱对某些重要数据管控的情况并不少见。此外,私人权利与国家主权的频繁对抗也在深层次刻画着国家主权的权力构造。与纯粹的财产性权利不同,数据常包含或源于个人信息,不仅具有经济属性,而且具有人格权益。而数据中所蕴含的人格权益意味着数据主体和数据处理者都将参与数据规制。第一,数据主体基于人格权拥有知情权、选择权等防御性权利。一方面,数据主体能够参与个人数据的风险自治,控制个人数据的处理过程;另一方面,数据主体能够监督数据处理者的处理行为,与数据处理者产生信任关系,形成数据长期供给。[2] 第二,数据处理者基于数据上存在的人格权益,必须负担风险防范义务,在数据处理过程中应当保障个人数据安全。按照人格权说理论,将个人数据纳入人格权的范围,确认个人对其数据享有的防御性权利和数据处理者负担的风险控制义务,能够实现对数据更有利的保护。例如,2015 年美国联邦调查局就曾经要求苹果公司协助提供已死亡的恐怖袭击嫌疑人的手机数据,但被苹果公司以保护个人权利为由拒

---

〔1〕 参见王佳宜、王子岩:《个人数据跨境流动规则的欧美博弈及中国因应——基于双重外部性视角》,载《电子政务》2022 年第 5 期。

〔2〕 参见彭诚信:《论个人信息的双重法律属性》,载《清华法学》2021 年第 6 期。

绝,最终美国联邦调查局只能通过其他技术途径获取相关数据。[1] 因此,有学者指出,在此背景下形成的数据主权展现出不同于传统主权的谦抑性特征。此时,数据主权不能一味追求对数据的绝对控制,应保持开放性,体现出相容性和相对性。[2]

2. 数据主权的相互依赖性

大数据时代,国家无法在网络空间完全独立自主,数据议题具有全球性,加之数据主权的疆域太过模糊,仅凭一国之力难以攻破传统治理模式下的难垦之域,国际社会亟须全球性的解决方案,这意味着合作将是全球数据治理的长久主题。现代信息技术将全球史无前例地紧密连接,个人、国家以及国际社会已经被一种看不见的力量相互联结起来,各种利益相互交织,早已难分彼此。网络空间及数据的特殊属性要求我们在新时期、从新视角重新审视主权在其中的功能及作用。数字时代的"主权困惑"使其监管范围和监管力量受限,数据问题更需要国际社会相互协作、共同治理。

首先,国际合作以共同捍卫数据安全。针对数据滥用和数据泄露问题,需要国际社会开展跨界合作,避免重要数据落入犯罪组织手中成为洗钱和恐怖融资,甚至威胁国家安全等犯罪活动的工具。我国一直积极参与数据治理的全球协作。2020 年,中国在国际研讨会上提出《全球数

〔1〕 See Levy M., "In Apple vs. the U. S. government, citizens should have the last word", https://www.inquirer.com/opinion/commentary/fbi-apple-iphone-search-privacy-data-security-20200302.html, July 24, 2022.

〔2〕 参见卜学民、马其家:《论数据主权谦抑性:法理、现实与规则构造》,载《情报杂志》2021 年第 8 期。

据安全倡议》,表明了我国在数据治理方面的态度,也为世界处理数据安全难题点明了方向。在数据跨境流动方面,《全球数据安全倡议》提出如因打击犯罪需要的跨境执法数据调取,应当通过司法协助和多边、双边协议进行。国家间调取数据应当签订跨境调取数据协议,不得侵犯他国数据安全。在数据本地化方面,提出各国不得要求本国企业将境外产生、获取的数据存储在境内,未经他国法律允许不得直接向企业和个人调取位于他国的数据。2021 年,我国与阿拉伯签署的《中阿数据安全合作倡议》在数据跨境流动方面延续了《全球数据安全倡议》的内容,但删除了"不得要求本国企业将境外产生、获取的数据存储在境内"这一条款,体现了我国在数据安全方面的治理方向和治理理念,为打造数据命运共同体提供了指导方向。

其次,国际合作对大型跨国公司进行监管。得益于数据流动与加工释放的巨大经济效益,跨国公司在国际经济领域的地位越发重要,他们开始追逐更多的政治和经济权力,直接或间接地影响数据主权,以逐渐削弱国家对其的管制。例如,印度的数据本地化立法就遭到脸书(Facebook)、亚马逊、微软等互联网跨国公司的联合抵制和批评。不得不承认,跨国公司已经成为影响国际政治经济关系的重要力量,许多跨国公司所拥有的经济实力及其政治影响力,丝毫不逊于一些主权国家。为防范企业在追逐经济利益最大化过程中滥用数据侵犯个人数据权利、危害国家和公共安全,国家不得不转变角色地位,通过与其他参与主体合作的方式实现数据全球治理。20 世纪 90 年代,"治理"(governance)一词开始在经济学和政治学领域流行,治理理论的主要创始人之一罗西瑙(J. N. Rosenau)将其定义为一系列活动领域里的管理机制,它们虽未得到正式授权,却能有效发挥作用。与“统治”(government)不同,治理是一种由共同目标支持的管理活动,这些管理活动未必是政府在进行,也无须依靠国家的强制力实现。这一定义也适用于国际背景,“全球治理”一词可以被定义为:通过具有约束力的国际规制(regimes)解决全球性问题,以维持正常的国际政治经济秩序。[1] 简言之,数据全球治理重塑了各方主体的角色定位,这种重塑包括国家监管角色的转变和以跨国公司为代表的利益攸关者的参与。

最后,国际合作以协调管辖权冲突。管辖权是有关国家权力与权利的重要问题,旨在厘清人或事何时应受国家管理。[2] 国际法传统管辖权分配理论确立了以属地为管辖的主要原则,但数据的无形性打破了这一传统判断标准,从而使得数据管辖权成为各国博弈的焦点。当前尚未形成统一的数据跨境流动规则,各国从自身国家利益出发争取数据管辖权,全球数据治理进一步趋向复杂。数据跨境流动造成国家在开展执法或者司法活动产生管辖冲突,这种管辖权重叠或冲突的困境亟须以跨境合作的方式予以缓和和解决。

数据主权带有强烈的国际性特征,基于数据安全与数据产业发展各国都不可能置身事外,各方利益的交织与重叠要求主权国家在治理问题上不仅要考虑本国利益,更要本着负责任的态度与国际社会进行有效互

---

〔1〕 参见王佳宜:《全球治理下跨国公司社会责任监管模式转变》,载《商业经济研究》2016年第2期。

〔2〕 参见王佳宜:《全球治理下跨国公司社会责任监管模式转变》,载《商业经济研究》2016年第2期。

动,以解决全球性问题;同时主权国家不再充当网络社会的“守夜人”,而是积极参与治理,成为公共利益的维护者。这些特殊属性进一步考验着数据主权的行使方式和效能,即行使主权时要满足多元利益诉求和价值目标,不仅要考虑本国政府的利益,也应考虑他国政府、国际社会、跨国企业以及个人的利益诉求,同时在数据限制与自由之间寻求平衡,既要维持良好的数据流动秩序又要为技术发展保留必要的空间。

3. 数据主权的经济维度

数据已经成为创造和捕获价值的新经济资源。数据的获取和利用成为实现技术突破、引领商业发展的源动力,“数据具有重要的财产价值”已为社会共识。[1] 数据之所以被讨论广泛,正是因为实时流动中的数据蕴含着巨大的经济价值。单纯拥有数据并不能最大化地释放其经济效用和价值,数据是通过交换、分析、利用来创造和捕获价值的新经济资源。在网络时代,恰恰需要社会中的数据要素充分涌流而获得价值。数据已然成为数字经济的“新石油”,其中个人数据的利用与流动成为重要环节。2014 年,跨境数据为全球 GDP 增加了 2.8 万亿美元。[2] 根据市场研究公司 IDC 发布的《2019 年数字宇宙(Digital Universe)研究报告》,个人数据在数据总量中占比最大,到 2025 年,与数据交互的全球人口百分比将达到 75%,全球每个联网的人每 18 秒就会有至少 1 次数据

---

〔1〕 参见申卫星:《论数据用益物权》,载《中国社会科学》2020 年第 11 期。

〔2〕 See McKinsey Global Institute, “Globalization in transition: The future of trade and value chains”, https://thedocs. worldbank. org/en/doc/207011562781675834 - 0080022019/original/20190710GlobalValueChains. pdf, May 25, 2021.

交互,这意味着每天有近 5000 次互动。[1] 从“经济全球化”到“数据全球化”,在数据流动实现经济效益最大的同时,也在深层次地塑造数据主权的博弈格局与走向。当前,绝对的、不受任何限制的数据主权不复存在,不论是美欧《安全港协议》、《隐私盾协议》、APEC 跨境数据隐私规则还是包括《全面与进步跨太平洋伙伴关系协定》(CPTPP)、《区域全面经济伙伴关系协定》(RCEP)在内的自由贸易协定,本质上均体现了国家间出于经济目标、对个人信息保护国家规制权或多或少的限制。[2] 例如,从《安全港协议》到《隐私盾协议》,再到后者被判决无效,在保障数据安全的前提下实现数据流动便利化始终是美欧合作不变的议题。虽然欧盟与美国存在数据治理理念之争、国际规则制定话语权抢占以及国际数据资源争夺上存在碰撞与分歧,但出于对数据分享经济这一正外部性效应的实现,欧盟与美国仍在磨合中不断前进。

当数据跨境流动已经成为不可回避的趋势,数据作为“流动性财产”(fugitive property)的“事物本质”昭然若揭时,[3] 主权国家不仅要正确看待数据的跨境流动,还要鼓励数据的跨境流动,这对国家正确认识数据的对内和对外主权提出了新要求。国家应正视数据价值的重要地位,过度僵化地固守传统主权不再符合数字经济的时代要求,数据主权的行使应避免在市场中形成不必要的数字壁垒,徒增数据交易成本,违背互

---

〔1〕 参见武青、陈红兵:《大数据时代的隐私经济及其批判》,载《东北大学学报(社会科学版)》2021 年第 2 期。

〔2〕 参见赵海乐:《数据主权视角下的个人信息保护国际法治冲突与对策》,载《当代法学》2022 年第 42 期。

〔3〕 参见许可:《数据权属:经济学与法学的双重视角》,载《电子知识产权》2018 年第 11 期。

联网互联互通的基本属性。因此,对内而言,应完善本国数据规制立法,在保证数据安全和做好风险防范的基础上尽可能提高相关流程的效率;对外而言,应明晰可跨境数据的种类、处理方式以及相应责任,既为相关数据主体提供可预见性的判断标准,也为国家规制数据跨境提供更为明确的执法依据。

## 四、数据主权的规制基础与核心要素

尽管数据主权在国际层面已然达成共识并被各国不断实践予以具化,但在法律层面的实际意涵仍待厘清。数据主权作为一种新的权力形态,并非主权国家一经主张即为行使,仍需从数据的特殊属性及其可规制性出发,探讨数据主权行使的现实基础。数据主权的确立并不是对网络主权理论简单演绎的结果,而是经历了一个博弈过程,在这个过程中有两大必不可少的核心要素——数据自由和数据保护。

### (一)数据主权的规制基础

虽然数据主权作为网络主权在互联网治理架构中内容层的映射,已在理论界及实践界达成共识,为数据主权打下了良好的法理基础。但仍需考虑到数据的具体特性,通过分析其可规制性进一步证成数据主权的规制基础。

#### 1. 网络空间中的数据特征

首先,数据的无形性。数据、信息资源等主要以计算机代码的形式存在,其输入的内容均须通过计算机等转换设备进行转换处理,储存在硬盘、光盘等存储介质中,数据的产生是一种电磁记录的数字化过程。而这一存储内容需要借助其他工具才能表达,而非人肉眼所能直观感受。如以数据最常见的存储方式——“云数据”为例,随着互联网的普及,“云数据”这一数据存储方式的出现和发展深刻地改变着人类的生活,但也引发云存储的数据主权归属问题。如 iCloud 和百度网盘等工具将个人数据上传至云端,可以避免数据丢失且扩充本地数据存储空间,但云存储模糊了地域界限,对于云数据的主权归属也不能依照传统的领土边界进行归属判断,从而给判定数据主权归属造成障碍。[1]

其次,数据的流动性。以电子化行使存储的“无形”数据对物质性媒介的要求极低,正是这种特性使其可以低成本、快速地借助包括网络、数据媒体在内的各种数据介质进行大范围、无边界地即时复制。可以说,无论是在收集,还是在传输和存储阶段,数据都在虚拟空间中快速穿梭。同时,5G 技术也进一步加速了数据的跨境流动。大量数据在 5G 技术的应用场景和传输方式的推动下,其跨境流动无论是在容量上,还是在速率上和地域范围上,都将有重大突破。[2]

最后,数据拆分性和混同性。除却快速流动之外,数据的拆分与混同使其处于一种混沌状态。基于运行因素,数据处理者经常将数据备份在多个不同地域的服务器上。这些被分割为不同片段的数据整合后才能显现完整内容,不同数据的混合加大了将目标数据从数据流中进行分

---

〔1〕 See Andrew Keane Woods, “Against Data Exceptionalism”, *Stanford Law Review* 68, 2016, pp. 755 – 756.

〔2〕 参见李柏正:《论数据主权的理据、特征及保障》,载《内江师范学院学报》2021 年第 11 期。

离的难度。数据既可以被分散,也可以被加工聚合数据库。而数据库由源于不同管辖区域的数据集合而成,在主张数据主权时或难以分解或成本损耗巨大。

2. 数据的可规制性

首先,国家有规制无形物的丰富经验。无形性使数据不能以有体物的方式判断归属地,对于数据的规制增加了难度。但在各国立法中,对诸如知识产权、债券或股票等无形财产,已经有较为完善的规定,并在司法实践中逐渐成熟。数据的立法和归属权可以参照其他具有无形性的权利,对数据的地域属性进行判断,或是直接忽略数据的地域归属,而直接以其他理由进行司法管辖。数据是无形的,但是数据具有一定的物理属性,数据存储器和基础设施通常放置在一国境内,由此可以判断地域归属。此外,属人、属地理论和现实基础不断被数据特性所削弱。国际上也出现用“数据实际控制者”标准为数据管辖模式的新思路。在“数据实际控制者”标准下,数据流动性的问题得以有效解决,甚至赋予了一国对域外的某些数据进行管辖的权力。例如,美国 CLOUD 法案即是针对数据流动特性而生成的域外管辖新模式。该项立法的源头可以追溯至2013 年的“微软爱尔兰案”,美国执法机构发现相关数据存储在微软公司设置在爱尔兰的服务器上,致使美国仅能通过国际司法协助方式获取存储于境外的数据。在此背景下,美国 CLOUD 法案采取的数据访问地模式应运而生。虽然美国模式导致与数据存储地国家冲突的激增,其数据跨境执法的“去地域化”规则也有待考量,但可以看出,数据仍然具有可规制的可能性。

其次,数据规制的技术法律化倾向。21 世纪以来,大数据、人工智能、物联网、云计算、区块链等信息科技,不断加速人、事、物的数字化,数据的可规制性似乎变得更加缥渺。然而,技术是一把“双刃剑”,既能带来和平,也能引发战争;既能最大化激发数据价值,也能反向规制数据。技术与法律本是分属于网络空间与现实空间的规制工具,囿于数据的特殊属性,技术措施对风险的前置性预防更具优势与现实效用。[1] 技术法律化成为一种新的立法趋势,以“技术规制技术”成为一种可能。1999 年,劳伦斯在《代码 2.0:网络空间中的法律》中提出“代码即法律”,指出技术与法律融合治理的必然趋势,他认为科技的规制主要有四种方式,分别是法律、准则、市场以及架构,如何优化这些要素的组合是有效规制科技的关键。其中,代码作为架构的一种形式,可以像法律规范一样规制人们在网络空间中的行为,构建对网络空间的有效约束,这个代码就是网络空间的“法律”。[2] 在实践中,加密、去标识化等安全技术措施早已被信息处理者用于履行相应的信息保护合规义务。而欧盟是在新型技术规制情景下创新技术法律化的典范,在 GDPR 第 25 条规定“经由设计与默认的数据保护(Data Protection by Design and by Default)”路径,要求数据控制者及处理者实施积极的作为义务,包括实施适当的组织和

---

〔1〕 法律与技术所关注的视角不同,法律多是对既有损害的事后救济,注重监督救济功能,而技术则是预防侵害的事先措施,具有前置的预防功能。例如,“经由设计与默认的数据保护”将数据规制的重心从信息处理者前置为技术的开发者、设计者和制造商。参见张继红:《经设计的个人信息保护机制研究》,载《法律科学(西北政法大学学报)》2022 年第 3 期。

〔2〕 参见[美]劳伦斯·莱格斯:《代码 2.0:网络空间中的法律》,李旭、沈伟伟译,清华大学出版社 2018 年版,第 6 页。

技术措施,确保数据处理的整个生命周期都能有效地遵循数据保护原则。[1] 与此同时,“经设计的信息保护”理念在实务层面被广泛应用。例如,苹果公司在浏览器中增加了阻止收集用户信息的“智能跟踪阻拦”这一新功能,即在默认情况下浏览记录会在 24 小时内被强制删除;腾讯使用匿名化处理、差分隐私技术来削弱或切断个人信息的可识别性;华为利用数字证书开展信息安全验证,同时搭配双层密钥管理方案进行数据加密,保障数据安全。[2]

### (二)数据自由与保护两大核心要素

传统主权理论的绝对性与数据所特有的开放性与流动性相碰撞,要求数据主权应当在控制管理与自由流动之间寻找到数据规制的平衡点。事实上,国家主权权威与数据自由之间的矛盾自互联网诞生之日起就呈现螺旋式上升发展趋势。如果说 20 世纪 90 年代网络自由主义者提出的网络“自我主权”(Cyberspace as Sovereignty)意在去政府化,侧重主张这一领域的言论自由,那么现在盛行的“数据流动自由”更多的是从商业利益出发,实现数据主权的经济效应。无论是彼时还是此时,数据自由与数据保护始终是影响数据主权规制方式与效果的两大核心要素,对两大要素侧重的不同产生了差异化的数据流动规制方案。

从目前全球数据流动规制的发展格局来看,发达国家与发展中国家的规制侧重有所不同。发达国家凭借数据产业基础与数字贸易优势,追

---

[1] 参见张继红:《经设计的个人信息保护机制研究》,载《法律科学(西北政法大学学报)》2022 年第 3 期。

[2] 参见丁波涛主编:《全球信息社会发展报告(2021):后疫情时代的社会数字化转型》,社会科学文献出版社 2021 年版,第 214 页。

求数据自由流动对经济贸易的推动作用；发展中国家则在数字技术与经济领域处于初期阶段，更关注数据安全问题。而在发达国家之间，对数据流动规制的关注点也呈现较大差异，形成关注隐私保护的欧式方案、关注数据流动自由的美式方案以及强调数据安全的俄罗斯方案。可以说，对数据自由与保护两大核心因素的偏重，决定了国家对数据规制干预程度的不同，表现为强数据主权路径与弱数据主权路径。实际上，当今世界没有一个国家会完全放弃数据规制，往往是基于数据安全和经济社会发展的考量，采取强弱的控制模式，而这种强弱的对比是相对的，而且常常体现在数据对外主权层面。强数据主权意在将国家对数据的控制力最大化，往往通过严格的数据跨境流动限制、数据本地化存储等措施实现。如俄罗斯2015年生效的第242－FZ号联邦法律要求对俄罗斯“公民个人数据的收集、记录、整理、积累、存储、更新、修改和检索均应使用俄联邦境内的服务器”。[1] 但数据保护并不等同于“数据保护主义”，其本质是为了更好地对跨境流动数据进行管理，实施合理的限制措施。而在弱数据主权路径下国家公权力不直接介入具体的数据规制活动，而是通过数据本地化立法中的处理原则和权利义务来间接束缚数据主体与数据控制者的行为，这样相关行为方就可以通过私人意志自行决定是否将数据留存于境内。例如，印度和韩国都规定了个人数据的跨境传输需得到数据主体的同意，除此之外无其他特别限制，数据主体具有数据

〔1〕 Federal Law No. 242 – FZ of July 21, 2014 on Amending Some Legislative Acts of the Russian Federation in as Much as It Concerns Updating the Procedure for Personal Data Processing in Information-Telecommunication Networks (with Amendments and Additions), https://pd.rkn.gov.ru/authority/p146/p191/, July 24, 2022.

传输活动的决定权。[1] 但需要注意的是，即便是采用弱数据路径的国家，也可能因数据对国家或个人安全的重要影响而采取严格的规制手段。如在个人数据跨境流动规则方面，澳大利亚隐私法与欧盟指令基本是兼容的，总体上鼓励数据的跨境流动，但对个人数据实行分级分类管理，禁止健康数据等的跨境流动。澳大利亚《个人控制的电子健康记录法》（PCEHR）第77章禁止可识别个人身份的健康数据的对外流动，否则将对数据处理者予以处罚，但规定了部分例外事项。

数据保护与数据自由并非完全对立，也从来不是非此即彼的关系，二者在数据主权的发展中相互博弈、协调平衡，在竞争之中相互交融，共同构成数据主权规制的核心要素。

---

〔1〕 参见冯洁菡、周濛：《跨境数据流动规制：核心议题、国际方案及中国因应》，载《深圳大学学报（人文社会科学版）》2021年第4期。

# 第三章　国家数据安全治理：威胁、诉求及关键问题

近年来，国际主体在网络空间竞争加剧，全球主要互联网国家先后将提升网络空间主导权、扩张数字经济规模和捍卫网络空间军事优势作为数字时代战略规划的要务。数据的重要价值已然凸显，其不仅关涉各国的经济、商业、文化、社会、安全及政治等众多领域，也涉及普通民众的个人隐私、家庭关系、消费活动、文化背景，乃至个体自由等诸多方面。国家对数据价值的理解已经超越单纯的"生产要素"层面，转而向"个人安全"乃至"国家安全"领域延伸。全球性重大网络安全事件的频发严重侵蚀着网络空间的稳定性，国际行为体所保有的核心数据的不安全性前所未有。同时，"数据保护主义"和"数据霸权主义"等多方因素交织给全球数据治理增加了更多不确定性，全球化进程面临多重现实挑战。党的十八大以来，习近平总书记高度重视网络安全和信息化工作，从信息化发展大势和国际国内大局出发，将马克思主义基本原理与我国互联网发展治理实践相结合，就网信工作提出了一系列新思想、新观点、新论

断,深刻回答了一系列方向性、根本性、全局性、战略性重大问题,形成了内涵丰富、科学系统的习近平总书记关于网络强国的重要思想。在此背景下,更加凸显"数据安全"与"数据主权"等核心议题在数据全球治理和建设网络强国中的重要性。

## 一、数据安全威胁的现实存在

### (一)全球经贸方面的威胁

在大数据时代,用户及其产生的数据是国际行为体开展数字经贸活动的核心生产要素。无论是围绕其进行搜集、处理和分析所获得的创造性价值,还是通过数据货币化或拓展产品服务所带来的获取性价值,均是当前主要互联网大国所追求的重要经济利益目标。[1] 大型互联网公司获取海量数据并凭借独特算法实现深度挖掘,在短期内迅速发展为行业主导者,甚至占据垄断地位,并成为各国谋求数字经济利益的关键载体。在"大数据资本主义将最终取代金融资本主义,成为未来全球经济的组织原则"[2]这一预期下,国际行为体对于数据的控制将在某种程度上等同于其对市场本身的控制。

然而,当前全球数字贸易却呈现极度不均衡的状态,进而引发国际行为体之间的矛盾。一方面,这种矛盾反映为国家之间的"数字鸿沟"不

---

〔1〕 参见阎学通、徐舟:《数字时代初期的中美竞争》,载《国际政治科学》2021年第1期。

〔2〕 Viktor Schnberger and Thomas Ramge, *Reinventing Capitalism in the Age of Big Data*, UK, Hachette, 2018, pp. 23 – 24.

断扩大。根据国际电信联盟(ITU)2020年的数据,发达国家、发展中国家与欠发达国家城市地区互联网普及率分别为87%、65%与25%,且这种差距呈现不断扩大的趋势,导致国家间数据流动秩序被割裂。[1] 另一方面,高数字化国家群体内部也开始出现分化趋势。美国由技术优势所确立的"数据主导"地位引发其他互联网大国和新兴国家的担忧,"消除数据壁垒、加强数据跨境自由流动"与"维护自身在网络空间的主导权"两个相互矛盾的治理理念为其推行"双重标准"的治理策略埋下伏笔。此外,数字平台在全球范围内带来的"税基侵蚀"对国际税收规则形成巨大冲击,加之互联网巨头利用数据垄断手段,滥用数据市场的支配地位,引发一系列破坏行业生态、扰乱市场竞争秩序、压制创新、侵犯个人隐私等数据安全问题。因此,各国希望从对数据的限制或控制出发,打破美国与互联网巨头的垄断地位,强化本国数字产业在全球市场中的竞争力。[2]

### (二)科学技术方面的威胁

科技在驱动人类社会发展演进的同时也对国际政治走向产生着深远影响。各类新兴数字技术不仅能够增强一国经济竞争力,还有助于国家掌控未来世界的主导权。数据资源是推动数字技术创新及发展的根基,其长期、大规模累积而形成的数据形态——"大数据"对推进人工智能与物联网等高技术的发展迭代起到了至关重要的作用。有分析公司

---

[1] See ICT, "Measuring Digital Development: Factsand Figures", https://www.itu.int/en/ITU-D/statistics/Documents/facts/Facts Figures 2020.pdf, July 4, 2022.

[2] 参见杨楠:《大国"数据战"与全球数据治理的前景》,载《社会科学》2021年第7期。

预测,未来 90% 的变革性科技突破都依赖于数据的使用流动。[1] 由于数据具有非排他性,创新越来越取决于行为主体获得数据的数量和质量。变革性科技突破都依赖于数据流动和使用,基于大数据的"分散式创新"模式有助于研发者发掘彼此孤立技术之间存在的潜在联系,并在此基础之上取得科技突破。[2] 在这一过程中,对于数据源的保存、调配与分析既是实现这种创新模式的起点,也是行为体竞争能力的集中体现。目前,国际社会普遍意识到了数据与技术优势之间的内在联系,并意图在此基础上围绕"数字供应链"的完整性来策动"数字科技竞争"。国家之间围绕数字技术问题争执不断,开始重塑信息通信技术的全球生态体系。

(三)国家政治方面的威胁

在数字贸易发展早期,大国及其域内的互联网企业往往倾向于采取风险厌恶的"粗放型"发展模式,以大量数据的搜集、分配与分析为基础,获取最佳政策选项及最优市场方案。[3] 此过程以弱化民众的个人数据权利为前提,换取数字技术及相关经贸行业的迅速发展。然而,2013 年美国"棱镜门事件"、2019 年保加利亚国家税务局的涉税信息泄露案件、2020 年美国科技巨头的"集体问责"等事件的发生,对"数据隐私"的认知已然超越个人数据保护的范畴,数据正在深刻重塑全球经济及国家之

---

〔1〕 See Francesca Valente, "90% of Industrial Enterprises will Utilize Edge Computing by 2022, Finds Frost & Sullivan", https://ww2. frost. com/news/pres-releases/90 - of-industrial-enterprises-wil-utilize-edge-computing-by - 2022 - finds-frost-sulivan/, August 26,2020.

〔2〕 See OCED,"Data-Driven Innovation Big Data for Growth and Well-Being", https://www. oecd. org/sti/data-driven-innovation - 9789264229358 - en. htm, July 24, 2022.

〔3〕 参见杨楠:《大国"数据战"与全球数据治理的前景》,载《社会科学》2021 年第 7 期。

间的政治关系。“数据政治”的兴起使数据从经济资源跃升为一种战略资源,也将成为地缘政治的热点。因此,政治偏好成为各国数据治理机制生成的重要因素之一。一方面,各国的数据保护、使用及流动规则依本国国情而建立,是各国政治生态与战略规划的集中体现;另一方面,各国国内外数据的搜集、存储和传输将不可避免地遭遇互联网意识形态差异和文化鸿沟问题,最终演变为地缘政治议题。这将导致网络空间中最为重要的主体——主权国家形成差异化的互联网治理理念,进而构建截然不同的数据治理规则。当前,参与数据治理的规则主要有以数字强国为代表的数据治理规则外溢型和以新兴大国为代表的数据治理规则内化型两类。数据规则外溢型国家在全球数据治理中处于强势地位,是国际规则的主导者,以自身利益为目标塑造全球数据治理规则体系,在担负较少多边规则义务的情况下影响和掌控他国政策。[1] 而数据规则内化型国家在全球数据治理中处于相对弱势地位,是国际规则的接受者和追随者,其以开放姿态处理与外部世界的关系,在适应全球治理规则并与之对接的过程中维护自身利益。但霸权国家的规则约束是所有新兴大国都必须面临的现实问题。[2] 随着实力的提升,既有国际规则的利益分配格局的不合理性将更加凸显,规则约束也将随之加大,新兴大国与

---

〔1〕 See G. John Ikenberry, “America and the Reform of Global Institutions”, in Alan S. Alexandroff, eds., *Can the World be Governed? Possibilities for Effective Multilateralism*, Canada, Wilfrid Laurier University Press, 2008, p. 126.

〔2〕 参见徐秀军:《规则内化与规则外溢——中美参与全球治理的内在逻辑》,载《世界经济与政治》2017 年第 9 期。

数据强国在国际规则主导权上的竞争与博弈将更加激烈。[1] 在此背景下,大国的政治偏好与数据治理规则的差别,将加剧全球数据格局碎片化,"数据鸿沟"导致数据流动秩序的割裂也将进一步加大全球性数据安全隐患。

(四)国家安全方面的威胁

数字技术的发展总是伴随着各类安全威胁,大数据安全始终是网络安全议题的核心要件。随着全球数字化转型加速以及数据体量的持续扩大,围绕"数据安全"概念的探讨已由最初的"个人隐私"与"企业机密"上升至"国家安全"语境。[2] 据统计,仅 2019 年上半年,全年被非法公开的各类隐私数据就高达 151 亿条;而在 2020 年新冠疫情所导致的"网络不安全"状态中,这一数字更是激增至 370 亿条,创历史新高。[3] 可见,数据流动虽然可为国家带来巨大利益,但也使公民隐私持续暴露于境外黑客攻击、政府监控与数据泄露的风险之中。在网络空间法律法

---

〔1〕 See G. John Ikenberry, "The Rise of China and the Future of the West: Can the Liberal System Survive?", *Foreign Affairs* 87, 2008, pp. 23 – 37; Stewart Patrick, "Irresponsible Stakeholders? The Difficulty of Integrating Rising Powers", *Foreign Affair* 89, 2010, pp. 44 – 53; Evan Braden Montgomery, *In the Hegemon's Shadow: Leading States and the Rise of Regional Powers*, London, Cornell University Press, 2016.

〔2〕 参见刘金河、崔保国:《数据本地化和数据防御主义的合理性与趋势》,载《国际展望》2022 年第 6 期。

〔3〕 See Risk Based Security, "Cyber Risk Analytics:2019 Midyear Quick view Data Breach Report", https://pages. risk based security. com/2019 – midyear-data-breach-quickview-report, August 26, 2021; Risk Based Security, "2020 Year End Report Data Breach Report", https://pages. risk basedsecurity. com/en/en/2020 – yearend-data-breach-quick view-report, January 3, 2021.

规滞后的背景下,数据窃取与泄露行为背后的国家因素正逐渐增加。[1]在数字地缘政治环境中,数据以及由数据资源推动的数字技术创新发展成为国家谋求优势地位的关键性因素。其中,数据所蕴含的信息是重要的情报来源,全球频发的数据安全问题则可被视为大国竞争背景下各国战略意图的集中映射。[2] 随着大数据和人工智能技术的发展,旧有情报获取与分析方式发生了深刻改变;以数据为核心的信号情报具有传统人力资源情报难以企及的广度和深度,开始成为当前各国战略机构所追求的首要目标。[3] 例如,美国在"9·11事件"后就政府情报失灵问题进行反思,并在当年出台了《爱国者法案》,开启美国政府获取他国数据的立法实践。随后又陆续出台《情报授权法案》《国土安全法案》《外国情报监视法案》等,就美国获取数据资源予以规定,不断扩大获取数据的能力与范围。全球重要信息大国将数据与技术融合,谋求在情报获取及分析领域的改革,继而带动政策转向基于大数据的决策制定模式,这也使得各国情报机构演变为除科技公司外谋求对大量数据独占地位的另一重要行为体。

(五)数据泄露方面的威胁

近年来,随着大数据运用的日益频繁、技术的逐渐成熟,数据泄露风

---

〔1〕 See Lillian Ablon, "Data Thieves: The Motivations of Cyber Threat Act or sand Therese and Monetization of stolen Data", https://www. rand. org/content/dam/rand/pubs/testimonies/CT400/CT490/RAND_CT490. pdf, March 15, 2018; James Shires, "Hack-and-Leak Operations: Intrusion and Influence in the Gulf", *Journal of Cyber Policy* 4, 2019.

〔2〕 参见郎平:《疫情冲击下数字时代的大国竞争》,载张宇燕主编:《全球政治与安全报告(2021)》,社会科学文献出版社2021年版,第91页。

〔3〕 See Robert Mandel, *Global Data Shock: strategic Ambiguity, Deception, and surprise in an Age of Information Over load*, Stand ford University Press, 2019.

险前所未有,成为互联网时代全球重大的社会问题。数据泄露的原因主要有以下几点。一是黑客通过攻击企业技术漏洞导致数据泄露。雅虎公司在2014年至少有15亿用户的信息遭人窃取,内容涉及用户姓名、电子邮箱、电话号码、出生日期和部分登录密码,其所有30亿用户账号均受到黑客攻击的影响。[1] 该事件是有史以来规模最大的单一网站数据泄露事件,海量用户账号失窃,令网民对账户安全产生强烈的不安,导致互联网用户日后设法避免在互联网系统上存储敏感信息。当前,重要商业网站的海量用户数据是企业的核心资产,也是黑客重点攻击的对象,大型企业的数据安全管理面临更大威胁。二是技术操作失误、网络系统亟待技术升级。因企业部门在技术方面出现重大失误,内部人员缺乏基本的安全意识或风险评估能力,直接将数据包误传到公共网络,普通网民甚至都可随意获取数据;或者因误发送邮件、权限设置错误和服务器配置不当等失误操作,导致数据泄露的事件也时有发生。三是企业内部管理松散,内部人员外泄数据非法获益。内部人员在高额利益的驱使下铤而走险,利用职务之便非法获取大量公民个人信息。2017年11月20日,趣店超过百万条学生信息数据疑似外泄,数据维度极为细致,除学生借款金额、滞纳金等金融数据外,甚至还包括学生父母电话、男女朋友电话、学信网账号密码等隐私信息,[2]企业的内部员工称此事可能系内部员工所为。趣店因企业信息保密制度不健全、用户数据管理模式松散、

[1] 参见金元浦:《论大数据时代个人隐私数据的泄露与保护》,载《同济大学学报(社会科学版)》2020年第3期。

[2] 参见金元浦:《论大数据时代个人隐私数据的泄露与保护》,载《同济大学学报(社会科学版》2020年第3期。

数据管理权限门槛过低等问题,给内部人员窃取数据外泄以可乘之机。

(六)"硬法"治理局限的威胁

"软法"和"硬法"同作为法治的基石,在治理中呈现"以'硬法'为中心,以'软法'为外围"的趋势,尤其在数据时代更为明显。受限于滞后性、管理性等内在缺陷,既有的"硬法"规则在互联网公共领域出现治理失灵现象,催生了"软法"治理的兴起。与信息化领域更新换代快、扩张周期短的特征相反,"硬法"的制定和修改程序严格、周期较长,往往滞后于信息化在公共领域的革新,这使得全球治理中对规则的需求与规则的客观供给之间形成矛盾。因此,"硬法"规制已不能满足数据时代公共领域的急速扩张。在新的社会情境中,当人们无法从传统的秩序中寻找到保护自身行动的依据时,就需要创设新规则来回应科技进步带来的权利需求的变化、权利本身属性的变化,以及思想观念的转变。因此,国际社会将对数据治理的新需求转向"软法"。弹性的"软法"通过先进的理念、良好的实施效果对国际行为体产生示范作用。国际"软法"先行达成,既可以满足不受法律约束力的意愿,又可以达成某种意向,渐进式地达成共识并以之为基础拉开制定国际"硬法"的帷幕。另外,在"硬法"缺位时,"软法"可以通过提供补充性的规范来弥补"硬法"在创制上的缺陷,根据实践中的新变化进行调整和补充,其灵活性能够在很大程度上起到补充"硬法"的作用。[1] 当前"软法"规制在全球环境、人权、经济、商事等领域得以成功实践,在网络空间治理领域尚未形成严密有效

---

〔1〕 参见何志鹏、尚杰:《国际软法作用探析》,载《河北法学》2015 年第 8 期。

的“硬法”体系之前,以“软法”作为数据治理的工具是现阶段的最佳选择。

## 二、数据安全威胁对国际社会的挑战

### (一)全球数据治理的碎片化

国际社会对“数据主权”这一概念认知的差异,导致其对“数据应当在多大程度上受收集国家地区法律及治理结构的约束”的意见不一,各国依据自身的治理偏好进行诠释和演绎,持续削弱共识达成的可能性,并引发规则竞合和管辖冲突。目前,数据治理的碎片化和阵营化趋势已然显现。首先,欧美阵营和新兴阵营展开较为激烈的话语权争夺,数据全球治理陷入困境。例如,以印度为代表的新兴经济体明确反对美国、日本和加拿大等发达国家倾向“强化数据自由流动”的做法,认为这将不可避免地将其国内的技术初创公司扼杀在摇篮,〔1〕明确表示远离《大阪数字经济联合宣言》的举措正是这种“反数字殖民主义”和“数据防御主义”的集中体现。〔2〕其次,美国追求贸易利益,坚决支持数据跨境自由流动,反对数据本地化措施;欧盟支持对个人隐私有影响的数据采取本地化措施;而俄罗斯基于本国网络安全、数据保护的监管目标,倡导与推行数据主权,采用数据存留本地化措施来限制数据跨境流动,实现政府

〔1〕 See Arindrajit Basu et al., “The Localisation Gambit: Unpacking Policy Measures for Sovereign Control of Data in India”, https://cis-india.org/internet governance/resources/the-localisation-gambit.pdf, March 19,2019.

〔2〕 参见刘金河、崔保国:《数据本地化和数据防御主义的合理性与趋势》,载《国际展望》2020年第6期。

对数据存储、处理、跨境传输等环节的全面控制,并将数据主权与网络安全视为国家战略,形成了严格的监管跨境数据流动的俄罗斯模式。[1] 再次,中美在数字领域的战略竞争同样加剧了数据治理的碎片化趋势,形成了国家间的"数据壁垒"。长期以"数据自由流动"为治理原则的美国政府采取了敏感数据与普通数据的二分法,并借助国外投资审查委员会等机制限制数据向中国的流动。最后,西方国家阵营内部也产生了分歧,数据跨境流动领域全球博弈明显加强。欧、美两大阵营不断推行有利于自身发展的治理规则并扩大"朋友圈",数据跨境流动规则成为二者数字竞争分化的起点。2015 年,欧洲法院在"棱镜门事件"爆发后宣布废止《安全港框架协议》,而后双方经过谈判,于 2016 年重新签订《隐私盾协议》。2018 年以来,欧盟再次加强了对个人隐私保护的优先考量,推行 GDPR,此举进一步加深了欧美在数据流通方面的裂痕。2020 年 8 月,欧洲法院作出裁决,认定欧、美之间于 2016 年通过的《隐私盾协议》无效。[2] 自此,基于安全理念形成的跨大西洋伙伴关系却因数据流动理念的差异而走上"殊途"。

(二)全球数据治理机制效力的削弱

在当前各国单边主义和保护主义政策叠加推行的态势下,全球数据治理面对严峻挑战。一方面,各国在数据治理理念方面存在根本性分

---

〔1〕 参见孙祁、[俄]尤利娅·哈里托诺娃:《数据主权背景下俄罗斯数据跨境流动的立法特点及趋势》,载《俄罗斯研究》2022 年第 2 期。

〔2〕 See Kenneth Propp, "Return of the Transatlantic Privacy war", Atlantic Council, https://www. atlantic councilorg/blogs/new-atlanticist/return-of-the-transatlantic-privacy-war/, July 20, 2020.

歧，诱发治理规范“去合法化”。在数据治理领域，以美国为代表的西方国家相对优势逐渐下降，新兴国家在科技迅猛发展的同时，纷纷提出参与治理制度构建的诉求。近年来，全球数据治理领域针对“数据全球流动”和“数据本地化”展开竞合，反映出国际主体围绕“谁的规则”这一问题开展的多方博弈。[1] 理念的分歧与竞争也使得国家间数据治理呈现出复杂面向，合作意愿持续降低。另一方面，随着技术的发展与数据治理相关议程的持续扩大，全球数据治理盲点不断增加。国家之间在数字贸易、数据流通与保护、数字货币、数字平台、人工智能伦理和“网络战”等领域几乎均未达成共识，不但未解决原有的全球治理赤字问题，还衍生出一系列新的问题，更不用说达成统一的数据治理共识。同时，科学技术发展日新月异，数据治理规则的设计远落后于数字科技变革进程，这种治理制度供给的严重不足和滞后同样将削弱全球数据治理机制的有效性。[2]

### （三）网络空间主导权的争夺日益激烈

由于网络空间在社会层面的基础性支撑作用，在网络空间中，各国利用其在政治、经济、军事、文化、社会舆论等方面所占据的主导权来重塑网络秩序，争夺规则主导权与话语权。美国作为互联网大国，在网络域名、根服务器以及技术标准等方面均占有绝对优势，保障了其主导制定国际行为准则的能力。此外，网络空间治理规则，尤其是围绕数据流

〔1〕 See Stephanie Segal, “Whose Rules? The Quest for Digital and standards”, CSIS, https://www.csis.org/analysis/whose-ru les-quest-digital-standards, February 22,2019.

〔2〕 参见杨楠：《大国“数据战”与全球数据治理的前景》，载《社会科学》2021年第7期。

动规制的全球大辩论和国际规则博弈正在悄然展开。美国通过的CLOUD法案,以及欧盟通过的GDPR,将国家主权伸向境外,实施“长臂管辖”,这必然会给其他国家及其境内的企业和公民带来威胁。[1] 传统针对网络和信息系统的破坏活动已经转变为网络空间控制活动,成为开展对抗竞争、获取政治或经济利益的重要工具和手段,网络空间已经成为掌握国际社会主导权,展现国家综合实力的重要体现。[2] 因此,互联网大国及互联网新兴国家相互之间对于网络空间发展的主导权争夺势必更加激烈。

(四)“数据武器化”进程加速

托马斯·里德认为,通过恶意代码进行潜在致命的、工具性和政治性的武力行为就能构成网络战争。[3] 由于网络战争具有作战空间的无限性、作战时间的连续性、作战力量的广泛性、作战手段的知识性、作战方式的特殊性、战场信息的透明性、作战过程的突破性、作战效率的高效性等特点,攻击组织经常会利用跨网跨域的手段展开渗透攻击。针对电力、能源、交通、金融等关键基础设施的攻击活动一旦成功,对网络空间的攻击破坏可以迅速蔓延到物理空间,影响社会经济运行,造成社会职能瘫痪,甚至破坏国家安全。以俄乌冲突的网络战为例,双方均将对方军事、关键基础设施作为目标,旨在造成敌方社会混乱、通信中断,削弱

---

〔1〕 参见刘煜、程恩富:《我国网络自主权维护问题与路径分析》,载《东南学术》2021年第6期。

〔2〕 参见冯登国、连一峰:《网络空间安全面临的挑战与对策》,载《中国科学院院刊》2021年第10期。

〔3〕 See Rid T., “Cyber War Will Not Take Place”, *Journal of Strategic Studies*, 2011, pp. 5-32.

政府军事及民间机构的协同作战能力。在攻击强度上,由数据擦除软件、僵尸网络、分布式拒绝服务(DDoS)攻击组成的网络攻击导致政府、银行、政府承包商受损,网络攻击对乌克兰关键目标造成实质性破坏;乌克兰方面广泛使用DDoS攻击网站、勒索软件攻击俄罗斯、白俄罗斯的基础设施,并通过黑客手段攻入敏感机构,泄露了大量文件信息。未来战争形式将混合常规军事力量及非常规力量,除高强度正面军事冲突外,还包括网络攻击等非常规、非对称作战。

网络技术的发展、网络攻击极高的破坏性与极低的成本进一步加速"数据武器化"进程,而更多国家采用数字政务并拓展数字工业控制设施也使得这些重要系统在数据武器面前倍显脆弱。2010年,震惊全球的"震网病毒"(Stuxnet)持续向伊朗的监控系统发送伪造数据,进而在隐蔽状态下破坏了该国大量铀浓缩设施。[1] 2018年,新加坡SingHealth集团遭受网络攻击,黑客盗取了总理李显龙的配药记录等个人数据,一度引发全球关注。[2] 人工智能和大数据等信息技术的叠加让数据武器的应用更加隐蔽与普遍。新一轮数据武器以操纵与扭曲数据为核心,通过控制信息的流动来影响对象国政府要员及普通民众的心理预期,为大国发起"政治战"(Political Warfare)提供新的切入点。[3] 从2015年欧

---

〔1〕 See Jon Lindsay, "Stuxnet and the Limits of Cyber Warfare", *Security Studies* 22, 2013, pp. 365 – 404.

〔2〕 See Brandon Valeriano and Ryan Manes, "How We Stopped Worrying about Cyber Doom and Started Collecting Data", Politics and Governance 6, 2018, pp. 49 – 60.

〔3〕 See Linda Robinson et al., "Modern Political Warfare: Current practice and Possible Responses", RAND Report, https://www.rand.org/content/dam/rand/pubs/research_reports/RR1700/RR1772/RAND_RR1772.pdf, 2018.

盟对俄罗斯针对东欧的“数字影响力行动”的指责,到2016年美国情报界宣称总统大选遭受干涉,再到新冠疫情期间推特等社交媒体频繁出现虚假信息与错误信息,这种围绕数据搜集和投放的“混合战争”将成为未来数据武器的主要发力点。[1]

(五)网络空间攻防对抗难度陡增

网络空间攻防各方在各自战略的指挥下,综合运用多种资源、多种战术、多种武器装备来实施对抗,既需要能对大范围战术目标进行破坏的攻击工具,也需要能重点突破战略目标的特殊手段。残酷的网络空间对抗将时刻面临对方利用精准打击和大范围破坏紧密结合的实战场景。因此,维护网络空间安全需要有效应对不同类型的攻击手段和战术。大范围破坏性攻击主要利用关键信息基础设施软硬件设备的同构性缺陷。计算机软硬件设备由于基于相同或相似的计算架构,安全漏洞具有极强的扩散和辐射效应。网络攻击武器可以突破传统武器在地域和空间方面的限制,在极短时间内借助互联网络达到在同构设备间快速蔓延并造成大规模破坏的攻击效果。精准打击则主要针对特定领域、特定装备、特定设施,利用“零日漏洞”、特种木马病毒等手段实施破坏,以期精准入侵并控制目标系统设施,达到直击对方要害,控制对方核心目标的效果。近年来,除了工控设备和物联网设备以外,针对安全设备的攻击破坏也逐渐成为趋势。安全设备通常拥有较高的系统权限,一旦被突破将会造成灾难性后果。安全防护设备如果自身存在设计缺陷、安全漏洞或管理

[1] 参见杨楠:《大国“数据战”与全球数据治理的前景》,载《社会科学》2021年第7期。

不善，不但无法达到有效的保护作用，甚至会成为网络空间攻防对抗的关键薄弱点。[1] 2019 年，北约在塔林进行了为期 5 天的“锁盾—2019”网络安全演习，来自约 30 个国家的 1000 多名专家参与，号称是全球规模最大、辐射范围最广、投入技术最先进的实战化演习。演习模拟对正处在国内大选期的虚构国家进行大规模、系统性的“网络入侵”，在该国电力供应及电网控制系统、净水工厂、4G 通信网络等关键基础设施遭到网络攻击破坏后，测试该国抵御针对选举安全的外来攻击的能力。此次演习活动体现了北约对网络安全发展、网络作战能力以及将网络攻防技术和手段融入作战指挥的高度重视。[2] 其实，北约如此重视网络军备问题并不是新鲜事，早在 2009 年北约网络防卫中心就邀请独立的国际专家组编纂关于国际法如何适用网络战争的法律手册，从《塔林手册 1.0》的出台到《塔林手册 2.0》的更新，一直聚焦于网络战争的法律问题。

（六）私营企业参与数据治理的挑战

随着网络空间安全风险逐步增加，大国博弈加剧，网络空间的“自我治理模式”逐渐退出历史舞台，政府重新占据主导地位。[3] 围绕数据跨境流动和个人隐私，各国均在不同程度上推进了政府与私营企业之间的合作；相比前者，后者更能够借助自身的灵活性游走于国际机制之间，推动国际标准、政策和规则的出台，因而在治理框架的发展过程中具备独

---

[1] 参见冯登国、连一峰：《网络空间安全面临的挑战与对策》，载《中国科学院院刊》2021 年第 10 期。

[2] 参见崔传桢：《网络空间安全大国战略 2019 新动向》，载《信息安全研究》2019 年第 6 期。

[3] 参见毛维准、刘一燊：《数据民族主义：驱动逻辑与政策影响》，载《国际展望》2020 年第 3 期。

特优势。[1] 然而,这种新兴的公私合作治理模式面临诸多掣肘,政府与私营企业之间的关系仍有待明晰。首先,双方目前存在严重的数据量不对等。几乎所有大国的用户数据均为互联网信息巨头所占有,而大部分政府均缺乏对于重要数据的直接控制,总体处于一种“介入式治理”的被动状态。其次,以盈利为导向的私营企业参与治理的动力不足。在涉及数据流动的国际贸易规则方面,大量电子商务平台尚能在多个环节深度对接市场机制。而在内容治理或信息安全等方面,重要社交媒体却参与治理乏力,甚至一度导致假信息与错误信息泛滥,对国家之间的关系产生了较大的负面影响。[2] 最后,私营部门参与数据治理也暴露了诸多安全隐患。滥用用户数据以谋求利益是长期存在于互联网企业的问题,并缺乏有效规制。全球数据治理体系中缺乏对用户隐私数据的体系化规制,将导致私营部门借政府之名侵犯个人隐私的情况长期存在。[3]

## 三、数据主权议题的重要性

网络主权是一国主权在网络空间的延伸,在信息技术快速发展的时代,各国通过网络已连接成一个整体,但这并不意味着各国网络主权可

---

〔1〕 参见中国信息通信院:《全球数字治理白皮书(2020 年)》,载 http://www. caict. ac. cn/kxyj/qwfb/bps/202012/P020201215465405492157. pdf,2020 年 12 月最后访问。

〔2〕 See Nicoli N. , Iosifidis P. , Digital Democracy, Social Media and Disinformation, Routledge, 2020, p. 7.

〔3〕 参见杨楠:《大国“数据战”与全球数据治理的前景》,载《社会科学》2021 年第 7 期。

以被模糊甚至被遗忘。[1] 随着数据主权重要性的不断凸显,在秩序与自由、发展与安全的博弈下,如何保障本国主权安全、占据数据主权竞争优势成为各国关注的热点。数据日益成为重要战略资源和新生产要素,对经济发展、国家治理、社会管理、人民生活都产生重大影响,数据掌控能力日益成为衡量国家竞争力的关键因素。[2] 从国际范围来看,目前还没有统一的国际规则来解决数据主权问题,各国已逐步通过立法、司法及实践等方式,打造以数据主权为核心的新国家安全战略体系,在保障本国主权不受侵犯的同时提升国际话语权。[3]

当前,世界正经历百年未有之大变局,中美关系面临许多挑战和不确定性,俄乌冲突持续升级,国际秩序面临重塑,信息时代的大国竞争将在很大程度上聚焦于网络空间,抢夺战略制高点。欧美数据主权战略属于"进攻型",通过"长臂管辖"扩张其跨境数据执法,以美国为典型代表的国家主张"数据自由流通","长臂管辖"在允许跨越一国传统地域主权限制获取境外数据的同时,也加剧了数据管辖权以及执法权之间的冲突。此举不仅肆意侵犯他国主权,而且破坏了主权平等原则下的国际协商机制。[4] 以俄罗斯为典型代表的新兴经济体的数据主权战略属于

---

〔1〕 参见《坚持四项原则进一步激发网络空间生机活力》,载 http://www.cac.gov.cn/2019-10/31/c_1574053660 276441.html,2022 年 10 月 31 日最后访问。

〔2〕 参见金元浦:《论大数据时代个人隐私数据的泄露与保护》,载《同济大学学报(社会科学版)》2020 年第 3 期。

〔3〕 参见黄海瑛、何梦婷:《基于 CLOUD 法案的美国数据主权战略解读》,载《信息资源管理学报》2019 年第 2 期。

〔4〕 参见吴玄:《数据主权视野下个人信息跨境规则的建构》,载《清华法学》2021 年第 3 期。

“保守型”,主张强“数据本地化”,通过数据本地化解决数据治理与本地执法问题。[1] 2013 年“棱镜门事件”曝光后,基于保护国家安全与消除互联网数据潜在危险的考虑,俄罗斯对关于公民数据存储和处理的立法进行了修改,实行数据存留本地化,且严格限制跨境数据流动。[2] 2022 年俄乌危机的战火已波及俄罗斯网络体系,俄罗斯政府与主流媒体官网受到黑客攻击而无法正常运行,俄罗斯网络安全风险等级也随着俄乌热战持续飙升。由此看来,俄罗斯借由“数据本地化”规则形成的“内外双严”孤岛式防御性措施,意在强调对国家数据安全的维护。

数据主权是处理数据安全的根本方针,数据安全又是国家安全的重要组成部分。习近平总书记在党的二十大报告中指出,国家安全是民族复兴的根基,社会稳定是国家强盛的前提。数据主权与国家安全息息相关,对于主权国家的国家安全和社会治理具有重要意义。我国作为数字经济大国,应兼顾发展和安全,将捍卫国家数据主权、维护数据安全置于国家战略高度,坚定不移贯彻总体国家安全观,积极完善本国数据主权战略,加快全球数据跨境流动治理规则体系研究,推动数据主权治理秩序的国际合作,在维护国家数据主权和保障数据安全的同时寻求数字经济创新发展新路径。

---

〔1〕 See Ни Ф, Ли С., Ориентация и инновация: теория верховенства закона при социализме с китайской спецификой с точки зрения международного права//Власть. 2016. No.10. C. 171 – 177.

〔2〕 参见孙祁:《俄罗斯强化数据主权保护》,载《检察风云》2021 年第 8 期。

# 第四章　数据主权治理的核心要素：数据跨境规制方案

从时间发展纬度看，跨境数据规制最早产生于欧洲地区国内法，首先运用于保护个人数据的跨境安全，随后各国逐渐开始效仿，采取限制或禁止措施对个人数据保护和跨境转移进行规制。随着跨境数据流动的发展，数字经济已经成为第四次工业革命的关键生产要素，以"数据"驱动经济社会创新发展的时代已然来临，数据跨境流动成为关系各国政治、经济、社会发展的核心议题。个人数据在商业领域形成有价值的商业数据后，各国政府开始相继出台跨境数据法规，涉及与数据主权相关的政府职能与权力。[1] 在此背景下，欧盟作为数据跨境规制的发源地，在相关理论与实践发展中具有先占优势；与此同时，美国也利用技术及资本优势，在国际上发展并推行美国式数据跨境规制。由此产生了国际主流的欧盟与美国两种主要的跨境数据规则。

---

〔1〕 参见杨铮：《浅析数字经济发展趋势》，载《国际经贸探索》2020 年第 9 期。

## 一、数据主权与数据跨境规制的理论关联

在数据时代生活的情景下,数据价值不断显化。数据作为关键生产要素,成为数字经济时代经济高质量发展的核心驱动力。同时,作为网络主权的重要组成部分,与国家的发展密切相关。因此,数据主权在一定程度上影响着国家主权权威与效力,一个国家在数据控制方面占有优势,就意味着在全球政治经济发展中占有了更多的主动权。为此,世界主要大国提出了形态各样的数据主权叙事,多元叙事的竞合过程体现出各国在考察权衡跨境数据流动中的数据主权风险与收益后对未来数字图景的规划与展望。

### (一)跨境数据流动中的数据主权风险

信息时代下,数据价值凸显使其成为重要的战略资源,数据主权开始与国家安全和综合国力息息相关。而跨境数据流动的后果是,在一国内生成电子化的信息记录被他国境内的私主体或公权力机关读取、存储、使用或加工合成处理,从而获取数据中的信息,成为数据风险产生的前提,[1]将数据弱国"置于危险境地"。数据流动常态化、必然化的趋势下,数据跨境流动已然不可避免,而国家需要面临的数据主权风险在于以下几点。第一,维护国家在数字空间治理中的话语权。技术赋权意味着享有压倒性互联网技术优势的国家能够主导网络空间资源的重新分

---

[1] 参见许可:《自由与安全:数据跨境流动的中国方案》,载《环球法律评论》2021年第1期。

配——包括财富、权力、话语权以及影响力等,获得垄断数字空间数据资源的权力,进而在体系中占据绝对主导地位。国际法是国际社会的行为规则和指南,这些规则和指南从表面上看是静态的,是对权利和义务的配置,但在深层却是一种力量的博弈,是一种利益的划分。[1] 从这个意义上讲,谁能享有全球数据治理规则的主导权,就能在规则的制定及实施过程中更多地实现、维护自身利益,这也是全球数据治理之争的根本原因——各阵营利益诉求的差异导致权力的配置与划分缺乏合理性,维护公平正义的制度供给不足。此外,控制着数据的大型互联网企业也会引发数据主权风险。科技巨头企业对数字空间过于强大的控制权,实际上已经对现实空间中既有的政治体系及国家与资本关系构成了威胁,已出现"现实中新主权者"的论调。[2] 对此,主权国家开始管控占据垄断地位的科技公司,严格控制跨国公司的数据处理与利用行为。第二,应对跨境数据流动引发的各种安全威胁。数据流动包含两层风险:一是流动数据的内容。属于敏感信息、个人健康数据、重要数据等高价值数据,一旦泄露,极有可能被分析和挖掘从而获取国家重要战略信息。对此,各国往往采取强数据主权规制模式,禁止这些数据的流出或设置较高门槛。二是流动数据的目的地。根据数据传输地的数据隐私与安全保障水平、数据利用支持水平、数据犯罪司法水平的不同,主权国家会考虑数据使用意图及上述因素,采取数据分级分类流动方案或"本地化存储",以抵御数据主权风险。第三,保护本国公民的数据权利。数据主权内蕴

〔1〕 参见何志鹏:《走向国际法的强国》,载《当代法学》2015 年第 1 期。
〔2〕 参见翟志勇:《数据主权时代的治理新秩序》,载《读书》2021 年第 6 期。

“国家发展战略”与“权利保护工具”二元政策目标。对附着在数据流上的权利进行保护是各国共识,为此,国家强调数据主权,主张对数据跨境流动活动的介入,并有责任评估第三国的数据保护水平。[1] 对此,各国通常会考量数据流入国的法治和基本人权保护程度、是否存在有效的监管机制等,并引入场景风险理论和风险评估来控制可能的数据主权风险。[2]

### (二)跨境数据流动中的数据主权收益

当前,数据已然成为数字经济的“新石油”,其中个人数据的利用与流动成为重要环节。原始数据从数据收集、处理和分析转化为数字情报的过程中产生了价值,作为衡量数据价值的重要工具,数据价值链(Data Value Chain)应运而生。21 世纪初,格里菲等人基于“全球商品链的概念,结合全球产业联系和产业升级新形势,提出全球价值链”概念及理论,强调企业融入全球价值链的必要性。[3] 彼时,全球价值链理论被运用于国际贸易领域,鼓励贸易主体、主权经济体深度参与货物或服务贸易分工的增值阶段。随着数字经济场景的到来,全球价值链理论多次被

---

[1] 参见张继红:《个人数据跨境传输限制及其解决方案》,载《东方法学》2018 年第 6 期。

[2] 基于场景的风险评估规则成为衡量数据利用风险的有效工具,例如 CPBR 规则明确基于场景的“隐私风险评估”,指出如果数据利用对会对用户造成精神压力、人身、财产或其他损害,风险随即发生,透明度、控制性规则等都必须依据具体场景要求予以适用。GDPR 第 35 条要求在结合场景判断风险后进行数据保护影响评估,对“可能引发高风险的行为”规定了更加严格的义务,强调在数据收集、存储和使用过程中,应告知数据主体并征得其同意。参见黄海瑛、何梦婷、冉从敬:《数据主权安全风险的国际治理体系与我国路径研究》,载《图书与情报》2021 年第 4 期。

[3] 参见刘彬:《全球价值链理论:规则重构与法学评价》,载《国际法研》2019 年第 6 期。

适用于数据跨境流动而形成的价值链条中。数据价值链指数据获取、数据存储和仓储、数据建模和分析以及数据使用的全过程。[1] 数据价值在全球价值数据链的一系列增值环节得到实现，而数据价值链的流动事实使得不同增值环节可能发生在不同国家。相较于数据的所有权，对数据访问、控制和使用的权利才是数据价值实现的关键因素，能够掌握更多、更优质的数据资产，就更有可能成为全球数据价值链的主导者。美国、欧盟和中国纷纷发布数据战略，设置数据跨境流动规制模式，以数据市场规则建设抢占全球数字经济发展先机，享受数据资源开发利用的主权收益。

（三）跨境数据流动中的主权博弈

在数字空间的发展过程中，出于对跨境数据流动中的数据主权风险及收益的考量，主权国家不断优化自身在数字空间的影响力工具，而这些介入与干涉也进一步形塑着数字空间的未来发展。由于跨境数据流动的迅猛发展以及国家数据主权维护意识的觉醒，数据主权已被提升至战略高度。与此同时，在数字空间的发展中，处于数字技术领域中不同位阶的国家所追求的具体利益诉求并不一致，因此提出了基于各自利益的秩序建设规则，由此产生了激烈的竞争与合作。然而，只有经过了长期的竞争与融合的“数字主权”，才能称为被国际社会所普遍接受的理念，成为引领新的空间秩序的核心原则。

在这些目标的基础上，主权国家既要在国际博弈中寻求生存空间，

---

〔1〕 参见张正怡：《数据价值链视域下数据跨境流动的规则导向及应对》，载《情报杂志》2022年第7期。

又要与资本分享数字空间内的权力，以规避数据主权风险，实现利益最大化。在这个漫长的磨合进程中，数据主权也持续遭遇其他主体或情景的挑战。新的价值观与不断变化的数据流动场景形成数字空间秩序建构的理论叙事，并反作用于数据主权的实施效果。因此，国家对数据的国际法权利不是基于分配的，而是具备建构性的。[1] 为此，国家不再追求传统主权对数据绝对的控制，而是寻求在特定范围内数据相较于他国的优越性以及考虑数据价值链流动需求的基础上实质性地促进数据权利保障。

## 二、个人数据跨境规制中的数据主权让渡与合作

在数据主权的多元叙事视角下，数据空间的竞争格局处于动态变化之中，各主权国家会出于数据主权风险与收益的考量进行某种程度的相互妥协，通过合作让渡或共享数据主权中的部分权能，以赢得竞争优势。主权让渡在全球化和区域一体化潮流中是一个必然的趋势，权能的部分让渡是为了维护和扩展国家利益，[2]关键在于让与的权能、程度乃至范围。对此，有学者提出了“中心—边缘”的权力结构，将国家主权的权能分为核心要素和边缘要素，认为对边缘要素的分享与让渡有助于形成长

---

〔1〕 有学者指出，主权或主权权利确实存在竞争事实，与《联合国海洋法公约》类似的权利分配规则的情况不同，决定主权建构的最重要的事项就是证明本国存在具有优势的管辖事实。参见陈曦笛：《法律视角下数据主权的理念解构与理性重构》，载《中国流通经济》2022 年第 7 期。

〔2〕 参见徐泉：《经济主权原则的发展趋向论析》，载《现代法学》2005 年第 6 期。

期的竞争优势。[1] 这一理念也可被应用于对数据主权权能意义的解构,这种让渡和分享以数据跨境流动规则的合作为表现形式。其中最具代表性的实属欧美关于从《安全港协议》到《隐私盾协议》,再到《隐私盾协议》无效及双方的继续协调,反映出美国和欧盟虽然对外都呈现开放强势的数据主权特征,但为进一步实现数据主权权益,两大数据立法体系仍进行了不同程度的妥协与让步。

(一)《安全港协议》

进入数字经济时代以来,欧盟和美国之间成交的商业服务中超过一半属于数字服务,[2] 交易的很大一部分与数据的跨境传输有关。出于欧美之间的密切经济联系考量,美国与欧盟开展有关数据跨境流动的双边谈判。并且,美国想要进入欧盟的市场,欧盟需要美国的技术支持,为此欧美之间就跨境数据流动问题相互妥协,两种不同的立法模式在此达成了初步协调。美国与欧盟最早在 2000 年 11 月 1 日达成了《安全港协议》,该协议代表欧洲委员会对美国企业的"充分保护"水平认可,旨在确保美国公司在美国境内处理欧洲用户数据时为其隐私权提供充分的保护。《安全港协议》的内容主要体现在有关个人数据充分性保护的七项原则和相应的隐私保护政策,同意遵守特定数据保护标准并接受美国联邦贸易委员会(FTC)管制的美国公司可以自愿加入《安全港协议》,从而

---

〔1〕 在"中心—边缘"的权力结构中事关国家的人格尊严为核心要素,体现为终极支配权,如若让渡主权就不复存。而在此范围之外的权能与国家核心利益与基本权利之间的关系不如核心要素密切,为边缘要素。参见张军旗:《主权让渡的法律涵义三辨》,载《现代法学》2005 第 6 期。

〔2〕 See Meltzer J. P. , "The importance of the Internet and transatlantic data flows for US and EU trade and Investment", *Working Paper*, 2014.

满足了美国企业与欧盟之间自由流动数据的现实需要。

尽管如此,由于《安全港协议》实施过程中的争议解决适用美国法律,且美国企业在美国的行为只能由美国数据保护机构管辖。而美国政府在数据流动活动中存在监督机制不透明、救济机制不独立和情报机关过度干涉等问题,导致《安全港协议》在美国的实施效果并不尽如人意。尤其在经历斯诺登事件、Facebook 数据泄露等事件后,欧洲民众的担忧与日俱增。最终 Schrems Ⅰ案直接导致《安全港协议》无效。[1]

(二)《隐私盾协议》

欧美在个人数据跨境流动的第一次合作最终因为双方的利益点和出发点不同而失败,但日益增长的数据市场和其巨大的经济利益驱使欧美再次达成合作。基于《安全港协议》带来的教训,欧美开启了二次谈判,并于 2016 年 7 月 21 日达成了《隐私盾协议》。[2]

作为《安全港协议》失败后的新合作协议,《隐私盾协议》以《安全港协议》为基础,加强了欧盟的数据保护要求和数据监管需要,完善了欧盟境内数据主体的救济权利,强化了自身数据主权和数据治理权。[3] 首先,提高企业进入标准。加入企业必须承诺企业隐私政策符合协议要求并且配合美国商务部的协助要求,同时按规定保护个人数据并对转移的数据负责。其次,设立对美国情报部门的监督机制。新协议专门为欧盟

---

〔1〕 See Camera S. and Guild E., "The end of safe harbor: what future for EU-US data flows", *Maastricht Journal of European and Comparative Law*, Vol. 22, 2015.

〔2〕 参见方芳:《欧盟个人数据跨境流动政策的演变:市场统一与贸易规范》,载《复旦国际关系评论》2019 年第 1 期。

〔3〕 参见张继红:《个人数据跨境传输限制及其解决方案》,载《东方法学》2018 年第 6 期。

公民数据设立了监察员制度,欧盟公民可以直接向美国副国务卿质询个人数据是否受到侵犯,同时美国政府立法、司法、行政三个部门负责监督美国情报部门对欧盟数据的访问。再次,完善数据主体的救济机制。欧盟公民有权直接对入盾企业提起监察,可以向欧盟任一数据保护当局投诉或直接在美国州法院提起诉讼。最后,加强协议双方政府部门合作。美国联邦贸易委员会加强与欧盟各数据保护机构的合作,并且承诺协议双方每年联合审查协议的实施情况。

从表面上看,《隐私盾协议》有较强的执行力,欧美数据经济和跨境贸易尤其是美国公司将由此直接受益,体现了欧美在个人数据保护方面重建信任和两种数据跨境规则的相互协调融合。但是从内容上看,《隐私盾协议》更多地体现出美国为了进入欧盟这个巨大的数据市场在规则上作出的让步,而且其许多程序的实际意义并不大,更多的作用在于宣扬欧美两方在数据跨境规则上相互借鉴、协调发展的意向和趋势。虽然双方有在一定程度上达成了妥协,但 Schrems Ⅱ案又一次使这种愿望破裂。从 Schrems Ⅰ案到 Schrems Ⅱ案足可以窥探,在跨境数据流动的双边合作中,关键在于对数据主权的边缘权力让渡或共享的界限如何确定,如何实现双方利益最大化。

### (三)欧美个人数据跨境流动的妥协与合作:从 Schrems Ⅰ案到 Schrems Ⅱ案

UNCTAD 数据显示,2010 年至 2020 年,美国可通过数字形式交付的服务出口规模从 3379.24 亿美元增长至 5330.93 亿美元,占世界总额的近 1/5。2010 年至 2020 年,欧盟可通过数字形式交付的服务出口规模从6968.23亿美元增长至12411.89亿美元,年均增速5.94%,虽然近年来欧盟数字经济发展相对滞后,但其数字单一市场战略正有序推进。为进一步释放数据市场潜能,美国想要进入欧盟市场,而欧盟需要美国的技术和数据资源。为此,两大数据立法体系进行了不同程度的调整,通过数据主权身份意义与权能意义的互动,意图形成彼此融合、妥协的发展趋势。

"布鲁塞尔效应"为欧洲的个人信息保护定下基调,[1]欧盟规则向外辐射并产生影响,但美国除外。美国坚持灵活保护的策略,缺乏数据保护方面的综合性立法,将自律作为隐私保护的基本原则。故而美国被认为不符合GDPR的"充分性保护"要求。因担心数据传输限制对美国商业利益的潜在不利影响,高达1200亿美元的贸易将受到威胁,[2]2000年11月,欧盟和美国达成了《安全港协议》,对加入的美国企业设置了比美国法律更严格的数据保护要求,从而满足美国企业与欧盟之间自由流动数据的现实需要。尽管如此,由于《安全港协议》在实践中存在无法提供有效救济、美国政府监督机制不透明和情报机关过度干涉等问题,《安全港协议》的实施效果并不如预期。2013年,在爱德华·斯诺登披露中,几家获得安全港认证的公司将个人数据传输给美国当局,这一事件让欧美紧密的合作关系出现裂痕,而Schrems Ⅰ案最终导致《安全港协议》无效。在Schrems Ⅰ案中,奥地利国民Max Schrems向爱尔兰监管机构提

[1] See Voss W. G., "Cross-border data flows, the GDPR, and data governance", *Washington International Law Journal*, 29, 2020, p. 485.

[2] See Bygrave L. A., *Data privacy law: An international perspective*, Oxford, Oxford University Press, 2014, p. 15.

出申诉,主张基于《安全港协议》,Facebook 的爱尔兰子公司将他的个人数据传输到美国。美国政府不仅能够访问其个人数据,而且也未采取措施防止大规模监视。[1] 爱尔兰高等法院受理后要求欧盟法院对《安全港协议》的效力加以确认,最终于 2015 年 10 月《安全港协议》被欧盟法院判定无效。

《安全港协议》的失效迫使美国作出第二次让步,2016 年 7 月欧美又达成了《隐私盾协议》。《隐私盾协议》对个人数据的保护更加严格,为了消除"斯诺登事件"的影响,新协议专门为欧盟公民设立了监察员制度,同时美国政府立法、司法和行政三个部门负责监督美国情报部门对欧盟数据的访问。但《隐私盾协议》并未要求修改美国隐私立法,因此美国情报部门仍能根据《外国情报监视法》第 702 条对传输到美国的欧盟数据开展情报活动,欧盟公民的数据仍未得到"充分保护性"程度的保管。[2] 至此,以相同理由提起的 Schrems Ⅱ案被欧盟法院于 2020 年 7 月作出判决,支持暂停 Facebook 向美国传输数据,同时裁定《隐私盾协议》无效。

《隐私盾协议》的失效再次使得依赖该协定的美国企业与欧盟进行的数据传输业务处于法律上的不确定状态,但欧美表示将会继续完善

---

〔1〕 See Carrera S., Guild E., "The end of safe harbor: What future for EU-US data transfers", *Maastricht Journal of European and Comparative Law* 22, 2015, p. 102.

〔2〕 参见单文华、邓娜:《欧美跨境数据流动规制:冲突、协调与借鉴——基于欧盟法院"隐私盾"无效案的考察》,载《西安交通大学学报(社会科学版)》2021 年第 5 期。

《隐私盾协议》内容,[1]虽然谈判结果未有定论,但美国很可能会再次作出让步,接受欧盟更为严格的数据跨境流动规则。从 Schrems Ⅰ案到 Schrems Ⅱ案,欧盟不断强化对数据市场的控制力和话语权,为其"技术主权"战略的开展扫清了被美国压制的市场,也为欧盟的数字化转型奠定了基础。[2] 欧美双方合作的障碍在于其数据主权指涉的重心不同,即对数据主权的核心要素和边缘要素认知存在差异。对于将保护基本人权理念贯彻伊始作为整个数据立法理念的欧盟来说,保护本国公民的数据权利是其数据主权的核心权能,不容分享、不能碰触。因此对于数据传输地的数据隐私与安全保障水平、数据利用支持水平、数据犯罪司法水平等,是欧盟在数据主权让渡时的重要考量因素。而对于美国来说,追求商业利益是其数据主权的核心要素,为实现这一要素,在此范围之外的权能则成为数据流动规则博弈的砝码。

## 三、个人数据跨境规制的主要立法模式

当前,全球主要经济体致力于构建代表自身诉求的个人数据跨境流动规则体系。其中,美国的市场主导模式强调私营部门对数据的控制,欧盟的人权导向模式旨在消除内部数据壁垒、提高外部门槛,而俄罗斯

---

[1] See EC Statement, "Intensifying negotiations on transatlantic data privacy flows: A joint press statement by European Commissioner for justice didier reynders and U. S. secretary of commerce gina Raimondo", https://ec. europa. eu/commission/presscorner/detail/en/STATEMENT_21_1443, July 24, 2022.

[2] 参见黄志雄、韦欣妤:《美欧跨境数据流动规则博弈及中国因应——以〈隐私盾协议〉无效判决为视角》,载《同济大学学报(社会科学版)》2021 年第 2 期。

的数据主权强化模式则强调政府对数据的有效控制。三者处于深沉的张力之中,规则间呈现嵌套、重叠以及冲突的复杂关系,而相关议题在区域和国际层面尚未达成共识。不同的模式有不同的核心诉求、规则范式及实施手段,其制度背后是国家数据主权价值取向上的根源性差异。

### (一)欧盟的人权导向模式

从历史维度认知规则演进有助于洞察当前个人数据跨境流动的秩序全景。个人数据跨境流动规则最早诞生于欧洲并迅速对其他国家和地区产生影响,各国随之开启数据传输的立法实践。当前,个人数据跨境流动的全球治理体系尚未形成,现有规则主要由以欧美为首的发达国家主导。其中,欧洲从最初的倡导区域内部数据流动到限制数据外流,始终注重对个人数据权利的保护。

#### 1.欧盟数据跨境规制历史溯源

1970 年,世界上最早的个人数据保护法令诞生于德国的黑森州。随后的二十年,欧洲内部掀起了一场立法热潮,并产生规则外溢效应。截至 1990 年,世界上一共出现了 21 部有关于个人数据保护的国家和地区的立法,其中有 17 部法律出自欧洲国家和所属地区。[1] 毫无疑问,欧洲称得上是个人数据保护思想的启蒙地和个人数据保护立法的发源地。

出于数据流动的现实需要,1981 年欧洲委员会通过了《关于个人数据自动化处理的个人保护公约》(以下简称《公约》),《公约》对于整个欧盟的个人数据立法有深远影响,其将数据保护议题中最为重要的通说性

---

〔1〕 参见弓永钦:《跨境电子商务中的个人信息保护问题研究》,对外经济贸易大学 2016 年博士学位论文,第 123 页。

基本原则成文化。但《公约》本身属于非自动执行条约(non-self-executing treaty),需成员国立法才能执行,加之批准《公约》的成员国有限。1995 年,欧洲议会和欧盟理事会又通过了《数据保护指令》(DPD)。《数据保护指令》对欧盟以外的国家设立了"充分保护原则",当第三国未能达到"充分性保护"水平时,成员应采取必要措施阻止数据向该国传输。《数据保护指令》对数据跨境流动行为的管控更加严格,有统一管控欧盟内部的趋势。随着数字经济时代的到来,面对日益严峻的数据安全问题,《数据保护指令》相关规定的滞后性凸显。为此,2016 年欧洲议会和欧盟理事会通过了《通用数据保护条例》(GDPR)。2018 年 11 月 21 日,在 GDPR 的基础上又颁布了第 2018/1725 号条例进一步约束处理个人数据的行为。GDPR 的个人数据跨境流动规则更为详细和严格,既要满足一般性要求,又要符合三项具体的数据转移要求,即充分性保护、提供适当保障措施以及特殊情况下的个人数据传输,再次强调欧盟不允许向不能提供充分保护的国家传输数据。此外,还进一步明确了监管机构的具体指向及职能,确定数据保护专员为监管主体。[1] 与 GDPR 相比,"指令"给成员国在框架下自行制定数据保护法的自由,而前者作为"条例"是对所有成员国有直接约束力的立法,在欧洲层面可以直接执行。[2]

---

〔1〕 参见吴沈括、霍文新:《欧洲议会和理事会关于欧盟机构个人数据处理第 2018/1725 号条例分析》,载《信息安全与通信密》2019 年第 4 期。

〔2〕 See Daigle B., Khan M., "The EU General Data Protection Regulation: an analysis of enforcement trends by EU data protection authorities", *Journal of International Commerce & Economics*, 2020, pp. 1 - 38.

随着 GDPR 及第 2018/1725 号条例的颁布实施,欧盟对个人数据跨境流动的监管达到史上之最。《公约》是欧洲在全球数据立法上的初步尝试,从公约到指令的转向表明,在立法初期欧共体的规则供给重心从全球到内部市场的转移。而从指令到 GDPR 的演变揭示欧盟内部规则一体化程度的提高,对个人数据跨境流动约束力的增强,体现了欧盟在保护个人数据安全和打造“数字单一市场”上的坚定决心。

2. 欧盟模式的主要特点

欧盟现有的数据跨境规制主要是自 2018 年 5 月 25 日开始实施的 GDPR,GDPR 以加强个人数据保护为基础,以促进欧盟境内数据的自由流动和数字经济的发展、维护欧盟的数据主权为目的。此数据跨境框架是目前数据跨境规制领域最严格的数据保护条例,成为全球数据跨境规制的主导模式之一。

GDPR 包含十一个章节,内容主要包括数据处理的原则;数据主体、控制者、处理者和监管机构的义务和权利;以及跨境数据传输的规定等。其核心内容主要有以下四点。

第一,“个人数据”概念及处理原则的界定。GDPR 规定“个人数据”是指已识别的或可被识别的自然人(数据主体)的所有信息。自然人是指能够被直接或间接通过识别要素得以识别的主体,不限于姓名、身份证信息及定位数据,且包括通过自然人物理、生理、遗传、经济、文化、社会身份等要素予以识别的信息。这一概念是 GDPR 的基石,据此,GDPR 的数据处理范围从属地原则扩展到属地加属人的管辖范围,即只要数据涉及欧盟公民的数据,无论产品及服务的属地是否在欧盟,都适用于

GDPR 规定。[1]

第二,数据主体的权益。这是 GDPR 的核心组成部分,主要包括数据主体的信息透明度、信息获取、纠正权和删除权、拒绝权和自主决定权以及相关限制。GDPR 规定,数据控制者在收集数据主体的个人信息时,应当向数据主体充分披露控制者的详细信息,且数据主体有权确认控制者如何处理与其相关的个人数据,有权获知信息处理的目的以及是否跨境传输出境等,数据主体享受充分的数据访问权。纠正权和删除权,是指数据主体有权要求控制者对其不准确的个人数据进行纠正,也有权要求控制者在完成其使用目的后删除其个人数据,作为防止个人数据泄露的预防机制。拒绝权和自决权,是指数据主体有权拒绝控制者在特定情形下对其数据的获取,除非为公共利益执行任务的必要;此外,数据主体也可以自行决定是否将其相关数据存储于数据控制者。这一项规定是欧盟根据数据治理环境的变化而制定的新条例,说明欧盟在数据治理方面的创新。[2]

第三,数据控制者和处理者使用数据的原则及独立监管机构的设立原则。在数据跨境流动过程中,不仅涉及数据主体,数据控制者、处理者和监管者也是重要的治理参与者。在参与过程中,数据控制者通常会由于自身能力的限制,请第三方对其所掌握的数据进行处理,因此控制者与处理者是协助的关系。在控制者和处理者的相关内容中,假名化、处

---

[1] See Benjamin Forest, "Information Sovereignty and GIS: The Evolution of Communities of Interest' in Political Redistricting", *Political Geography* 23, 2004, p. 433.

[2] 参见陈少威、贾开:《跨境数据流动的全球治理:历史变迁、制度困境与变革路径》,载《经济社会体制比较》2020 年第 2 期。

理和控制数据的安全原则、数据保护专员这三点是其中的核心内容。假名化是控制者和处理者获取数据的基础原则，控制和处理数据的安全原则是相关参与者保障数据安全的核心要义，任命数据保护专员的主要目的是对数据保护的合规运营进行有效监管，并定期与监管机构进行沟通。监管机构由独立的政府机构组成，实施欧盟境内一站式监管，这一举措为跨境数据的监管提供了便利。在执法权和裁定权方面，GDPR 以限制行为和罚金为基准给予了监管机构较充分的自主空间。

第四，个人数据跨境传输的原则和救济、责罚的规定。首先，在跨境数据流动方面，GDPR 创造性地规定了充分性保护机制。GDPR 规定了严格的"充分性保护"水平标准，欧盟委员会严格按照欧盟标准对第三国的技术、法律进行调查，以确定第三国是否达到"充分性保护"水平，即便通过审查，委员会也会定期对第三国进行重新审查。目前获得"充分性保护"认定的国家非常有限，日本是 GDPR 通过后首个获得欧盟"充分性保护"认定的国家，韩国在 2020 年通过《个人信息保护法》修正案后，于 2021 年 3 月获得欧盟"充分性保护"认定。[1] 虽然认定门槛较高，但一旦通过"充分性保护"认定，数据便可在其"数据圈"内自由流动，无须再逐一审查，极大程度上降低了跨国企业的数据保护成本和风险。其次，设置了强有力的救济措施。在数据跨境流动过程中，一旦出现数据泄露或与隐私保护合规措施不符的情况，欧盟可以为相关数据主体提供司法

〔1〕 See European Commission, "Data Protection: European Commission Launches the Process towards Adoption of the Adequacy Decision for the Republic of Korea", https://ec.europa.eu/commision/prescor-ner/detail/en/ip_21_2964, July 10, 2022.

救济,并对没有充分实施数据保护的违规行为,处以最高1000万~2000万欧元或相关企业上一财政年度全球总营业额的2%~4%,取两者中较高数额作为罚款。2021年7月16日,亚马逊公司因欧洲核心部门对个人数据的处理不符合GDPR的规定,卢森堡数据保护委员会(CNPD)向其开出了约合8.87亿美元的巨额罚单。这样的高额罚金机制,对绝大多数企业是十分有效的。因此,GDPR比《数据保护指令》更具有执行力。GDPR也由此被称为史上最严格的数据保护条例。

GDPR核心内容是根据技术的发展调整数据治理政策,强化数据主体权利,加强对个人数据的保护,建立"一站式"的监管模式,促进欧盟境内数据的自由流动。这一整套标志性的框架规制,奠定了欧盟在跨境数据政策治理上的主导地位,其关于数据保护水平"充分性"的认定标准,对世界其他国家和地区的数据保护和数据跨境流动规制产生了深远影响。

3. 欧盟模式的优劣分析

统一立法为欧盟打造高标准的"数字单一市场"提供了制度支撑,利用立法先发优势进一步扩大规则外溢效应。首先,GDPR确保所有成员个人数据跨境流动规则一体化,解决了先前由《数据保护指令》引发的规则碎片化问题,在国际规则主导权激烈竞争态势下形成一致对外方案。其次,欧盟向国际社会提供规则范本,GDPR的影响范围已延伸至欧盟之外,2019年印度的《个人数据保护法案(草案)》(Personal Data Protection Bill)借鉴了GDPR的隐私设计原则以及数据可携带权和被遗忘权等。而巴西于2020年颁布的《通用数据保护法》(Lei Geral de

Protecao de Dados Pessoais)可谓是GDPR的“翻版”,尤其在个人数据跨境流动规制方面有极大的相似性。此外,阿根廷、以色列、新西兰、瑞士等国也纷纷修订个人数据保护法,以实现与欧盟数据跨境流动规则的对接。由GDPR“充分性保护”水平认证机制打造的数据流动圈,为区域数据循环设置了统一标准,有利于建立稳定的个人数据保护秩序并为数据主体提供合理的权利预期。

但不可否认,“充分性保护”的高标准及批准程序的复杂性造成了对数据跨境流动的不当阻碍,形成了实质上的数字经济壁垒。首先,能够加入“充分性保护”水平认定“白名单”的国家有限,导致欧盟模式辐射范围受限,无法有效发挥“充分性保护”评估体系的战略作用。[1] 美国主导的CBPR体系进一步削弱GDPR的全球数据治理影响力。亚太地区的日、韩既加入CBPR,又为欧盟“白名单”认证国家。英国作为五眼联盟国家之一,脱欧之后与欧盟就充分性认定积极谈判,同时紧随美国很可能加入CBPR体系下的多边框架。[2] 其次,GDPR对成员国内部的监管有效性不足。因部分欧盟成员国在数据跨境规制上有不同的利益诉求,GDPR所设定规则未被有效地贯彻执行。爱尔兰数据保护委员会就存在规则执行不力与监管停滞等问题,其在GDPR生效一年半之后才发布首个针对跨境数据的裁决,尚有二十多起相关案件一直未受理。波兰则直接挑战欧盟统一规则的权威性,2021年,波兰宪法法院裁定其国

---

〔1〕 参见邹军:《基于欧盟〈通用数据保护条例〉的个人数据跨境流动规制机制研究》,载《新闻大学》2019年第12期。

〔2〕 参见方芳、张蕾:《欧盟个人数据治理进展、困境及启示》,载《德国研究》2021年第4期。

内法律优先于欧盟法,且认为部分欧盟法不符合波兰宪法。波兰总理马特乌什·莫拉维茨基(Mateusz Morawiecki)认为欧盟委员会于2021年12月23日启动的波兰违反欧盟法审查程序是“官僚集权主义”。[1] 最后,GDPR过于强调数据安全而忽视了数据的价值,既阻碍了数字经济的发展,又加重了企业的合规负担。截至2021年5月,全球百家数字平台中有41家来自美洲,市值占比为67%;有45家来自亚洲,市值占比为29%;而欧洲则只有12家数字企业,市值占比仅为3%。[2] 欧盟当前面临的最严峻挑战便是失去了数字领域的先发优势,需要重新审视与他国的经济相互依赖关系。甚至有观点认为,GDPR强化私权利的做法反而削弱了网络安全的防护能力。GDPR迫使大量域名注册机构清除域名的IP及所有者信息,致使许多恶意域名IP、网络犯罪IP无法追查。[3]

(二)美国的市场主导模式

从“经济全球化”到“数据全球化”,数据流动已不可避免,这也给数据全球治理带来了新的挑战。为此,美国不断加强数据治理前瞻布局,频繁出台数据跨境战略和配套规则,不断强化数据资源掌控力,通过积极与其他国家开展数据传输合作,追求数据流动的商业价值,力求在数字经济发展国际格局中占据优势。

---

[1] 参见宫云牧:《数字时代主权概念的回归与欧盟数字治理》,载《欧洲研究》2022年第3期。

[2] See UNCTAD, “Digital Economy Report 2021: Cross-border Data Flows and Development: For Whom the Data Flow”, https://unctad.org/system/files/official-document/der2021_en.pdf, May 24, 2022.

[3] 参见许可:《欧盟〈一般数据保护条例〉的周年回顾与反思》,载《电子知识产权》2019年第6期。

1. 美国数据跨境规制历史溯源

20 世纪 70 年代到 80 年代,互联网技术开始在经济领域崭露头角,这使得美国政府开始关注互联网产生的经济效益。美国作为数据产业的高地,历来十分重视数据问题。不同于欧盟的立法理念,美国认为经济发展、言论自由与隐私保护同等重要,采取分散式立法,主要通过行业自律以及市场主导对隐私安全予以规制。[1] 在国内规则层面,1986 年,美国联邦政府出台了《存储通信法案》,该法案明确规定美国境内的通信服务商不得将数据提供给外国政府;1997 年颁布了《联邦互联网隐私保护暂行条例》,该条例明确规定政府不得非法使用公民个人数据;2018 年美国颁布《澄清域外合法使用数据法案》(Clarifying Lawful Overseas Use of Data Act,以下简称 CLOUD 法案),该法案积极支持数据的跨境流动,但其主要意图是使美国能获取世界各地的数据。然而,晚近以来,美国也开始制定统一立法对个人信息进行保护,其中最具代表性的就是《加州消费者隐私法案》(CCPA),该法案也带动了美国各州个人信息单独立法进程,已有十几个州起草或推出了地方个人信息保护法。完备的数据市场优势以及国际数据主权的兴起,使得美国开始关注个人数据跨境流动的规则主导权。在国际层面上,作为世界上最早将个人数据传输条款纳入国际贸易协定的国家,早在 20 世纪末美国便开始在 OECD 框架下推动数据保护项目,OECD 颁布了世界上第一部个人数据跨境流动保护规则——《隐私保护与个人数据跨境流动指南》(以下简称《指南》),

〔1〕 参见孔令杰:《个人资料隐私的法律保护》,武汉大学出版社 2009 年版,第 145 页。

提出了保护个人数据的八项原则,其中的“开放性原则”和“问责原则”侧重于促进数据跨境自由流动。在个人数据安全保障方面,相较于政府干预更倡导行业自律,带有浓厚的美国色彩。《指南》作为“软法”不具有法律约束力,更多的是一种利益偏好表达,代表相关国家所支持的行为模式和权利义务配置方式。2004 年,APEC 成员通过了《亚太经济合作组织隐私框架》(以下简称《隐私框架》),由于美国在 APEC 中经济体量最大、加入时间最早,《隐私框架》深受美国影响,以促进数据自由流动为价值面向。与《指南》不同,《隐私框架》旨在数据安全和自由流动之间取得平衡,但《隐私框架》仍属推荐性协议,且其在序言中明确提出是“以原则为基础的”国际法文件。[1] 为了推进成员统一执行,APEC 委员会在 2007 年出台《跨境隐私规则体系》,即 CBPR 体系,建立了隐私执法机构、问责代理机构和企业三重保障。[2] 继 CBPR 体系成功后,美国独特性地将电子贸易纳入 FTA 作为谈判的优先事项,推广带有美国意志的数据跨境流动规则。2012 年美国与韩国签署的《美韩自由贸易协定》首次规定了数据跨境流动条款,约定缔约方应积极推动数据跨境活动并为之创造条件。[3] 此外,美国与智利、秘鲁、哥伦比亚和新加坡签署的

---

〔1〕 Augusto F., Cárdenas C., A Call for rethinking the sources of international law: soft law and the other side of the coin, Anuario Mexicano de Derecho Internacional, Volume 13, 2013, pp. 355 – 403.

〔2〕 参见弓永钦、王健:《APEC 跨境隐私规则体系与我国的对策》,载《国际贸易》2014 年第 3 期。

〔3〕 See Korus Fta, Art. 15. 8.

FTA 规定了禁止数据中心当地成分条款,更加利于数据自由流动。[1]

《指南》作为"软法"仅具有指导作用,为成员国及其他国家有关个人数据跨境合作与执行提供参考,但其核心内容表达了美国推动全球数字贸易便利化,强化国际执法合作的权益诉求。CBPR 是自愿性的互通机制,并不要求各成员国修改国内法,但必须签署《跨境隐私执法协议》以加强执法力。相较于《指南》和《隐私框架》,FTA 作为推进数据治理的工具,其优势在于具有法律约束力和可执行性。美国的个人数据跨境规则制定经历了从指南到框架,再到 FTA 的政策性更迭,约束力和美国主导权从弱到强。在这一过程中,美国始终聚焦商业市场,以促进信息自由流动为使命,在治理全球化负面效应的同时继续将其他国家锁定在美国的利益分配框架之中,而在经贸中的优势地位为其通过 FTA 主导数据跨境规则提供现实基础。

2. 美国模式的特点

美国目前实施的跨境数据规制为 CLOUD 法案,主要通过划定"适格外国政府"标准,以维护美国及其伙伴国的公共安全为前提,支持数据跨境自由流动。[2] 同时,借助 CBPR 体系经验,利用 FTA 进一步打造充斥美国意志的个人数据跨境流动规则。例如,在美国与韩国重新签署的《美韩自由贸易协定》中,将原有的反数据本地化规则表述为"避免对跨

---

〔1〕 See Aaronson S., "Why trade agreements are not setting information free: The lost history and reinvigorated debate over cross-border data flows, human rights, and national security", *World Trade Review* 4, 2015, p. 684.

〔2〕 See Evan S. Medeiros, "The Changing Fundamentals of US-China Relations", *The Washington Quarterly*, Vol. 42, Issue 3, 2019, pp. 93 – 119.

境的电子信息流动施加或维持不必要的障碍",推行美国的数据自由理念。美国的个人数据跨境治理模式主要有以下三个特点。

第一,推动以行业自律机制为主导的 CBPR 体系。美国采取典型的"以组织机构为基准"的行业自律模式,通过行业组织或第三方认证机构制定具体的个人信息隐私保护标准,倡导数据掌握者在商业活动中自觉、主动地遵守相关义务,行业组织以及行政机构仅在事后对违法行为进行处罚或制裁。美国境内主要的隐私认证企业为 TRUSTe、ESRB Privacy Online、WebTrust 及 VeriSign,四家企业依据美国在线隐私联盟(OPA)公布的在线隐私指引和联邦贸易委员会(FTC)指定的隐私保护原则制定隐私保护计划。[1] 企业在申请认证时,应制定符合 FTC 隐私保护原则的企业内部政策并接受审核,审核通过后可获得隐私信赖标识,通过隐私认证的企业可以将认证标识投放在网站上,从而获得消费者的信赖。目前经 TRUSTe 认证的公司达 5000 多家,包括苹果公司、YouTube、Facebook、微软和微信海外版等。此外,隐私认证企业还会对成员企业进行定期和不定期的考察,对企业的违规行为进行处罚。FTC 曾在 2014 年的《隐私和数据安全年终报告》中认定 TRSUTe 未按照其发布的认证章程履行年检责任。[2] 而 CBPR 体系可以被视为美国行业自律模式的改良版本。根据 CBPR 规定,申请加入该体系的成员经济体应先推荐一个或多个隐私认证机构加入跨境隐私执法安排(Cross-border

[1] 参见张继红:《数据认证:模式选择与应用规范》,载《中国政法大学学报》2021 年第 2 期。

[2] See Federal Trade Commission, "Privacy & Data security update", https://www.ftc.gov/re-ports/privacy-data-security-update-2014, July 24, 2022.

Privacy Enforcement Arrangement, CPEA), 加入 CPEA 的隐私认证机构则根据《隐私框架》的九项原则制定认证标准。[1] 可见,美国个人数据流动政策较为宽松,行业自律模式保护标准较低,且认证内容和要求相对较少,对数据流动相对方的国内数据安全保护水平并没有明确要求。

第二,实施"数据控制者"标准。CLOUD 法案明确采用"数据控制者"标准,法案规定无论通信、记录或其他信息是否存储在美国境内,服务提供者均应当按照法案所规定的义务要求,保存、备份、披露通信内容、记录或其他信息,只要上述通信内容、记录或其他信息为该服务提供者所拥有、监管或控制。[2] 即不论美国的服务提供商存储和处理的数据所在地是否在美国境内,均应按照法规执行义务。此后,微软公司也是基于这一标准将其存储在爱尔兰的用户数据提供给了美国联邦地区法院。此外,法案规定给服务提供者"抗辩"的渠道。当服务提供者合理地认为数据相关对象不是美国人且不在美国居住,并且披露内容的法律义务会导致服务提供者违反"适格外国政府"立法的实质性风险,服务提供者可向具有管辖权的法院提出上述异议。法案同时列出了详细的要点以供法院裁定。

第三,"适格外国政府"标准。CLOUD 法案允许符合资格的外国政府在与美国政府签订相关的行政协定后,直接向美国境内的数据服务提供者发出获取数据的要求。根据法案规定,"适格外国政府"的核心准绳

---

[1] See Perloff-Giles A., "Transnational cyber offenses: overcoming jurisdictional challenges", *Yale Journal of International Law* 43, 2018, p. 191.

[2] 参见洪延青:《美国快速通过 CLOUD 法案,明确数据主权战略》,载《中国信息安全》2018 年第 4 期。

是“外国政府的国内立法,包括其国内相关法的执行,是否提供了对公民隐私、公民权利足够的实质和程序上的保护”。法案进一步规定,“这一认定标准基于下列因素的考量:一是外国政府在网络犯罪和电子证据方面,是否拥有足够的实质性和程序性的法律,是否加入《布达佩斯网络犯罪公约》或其国内法与该公约的第一章和第二章要求相吻合;二是遵守和尊重国际基本人权;三是对通过行政协定获取数据的外国政府,其需要有清晰的相关法律要求和程序,包括其获取、运用和监管等;四是有完善的机制能为收集的数据提供适当的透明度;五是展现出对全球数据信息自由流动、维护互联网开发、分布式和互联式跨境数据本质的决心和承诺。”[1]

总体来说,基于美国在远程计算服务和电子通信服务中的绝对优势,数据的跨境自由流动对于美国而言,利大于弊。美国目前实施的数据跨境规制政策——CLOUD 法案,将美国的数据管辖权延伸至任一美国通信服务提供商所“拥有”和“控制”数据的所在地,淡化由此可能产生的数据主权争夺,凭借其领先的技术及市场份额的优势,挤压其他国家,借助 CBPR 体系将国内规则国际化,以实现其在跨境数据治理领域的主导地位。因此,未来全球跨境数据自由流动的治理,将不可避免地受到美国数字发展战略的影响。

3. 美国模式的优劣

美国采取的分散式立法和行业自律模式体现出其处理个人数据跨境流动问题的针对性和灵活性,有利于促进经济发展和商业模式创新。

---

〔1〕 周梦迪:《美国 CLOUD 法案:全球数据管辖新“铁幕”》,载《国际经济法学刊》2021 年第 1 期。

由于不同行业处理数据的特点不同，此种模式能够根据相关领域或事项的特点，作出更具针对性的规定。同时，还可以灵活应对新形势下的数据安全问题，或对新兴产业的数据需求予以积极回应。受自由主义观念的深刻影响，美国在个人数据保护领域排斥政府的过度干预。此外，从经济效益和商业利益出发，政府和实务界均反对以法律手段规制个人数据处理活动。例如，原由美国主导的《跨太平洋伙伴关系协定》(TPP)原本允许成员国利用国内的个人数据保护法规对数据跨境流动活动予以一定限制，但2018年达成的《美墨加协议》(USMCA)则删除了对国内数据保护法的援引。同时USMCA取消了TPP所规定的公共政策目标例外，即任何成员国都不能以国家安全或者公共安全作为例外情况以实施数据本地化措施。[1]对于美国而言，其拥有互联网技术发达、数字贸易量庞大两大优势，弱化数据流动限制有利于维护其在国际上的经济与技术领先地位。

但美国立法模式也存在一定的局限性。首先，数据长臂管辖引发国际冲突。针对数据流动性特点给国家管辖造成的困扰，美国CLOUD法案采用“数据控制者标准”实现跨境数据执法的彻底“去地域化”。这种单边性管辖规定允许美国调取位于境外的数据，将导致与数据存储地国家冲突的激增。其次，行业自律模式强制力不足。一方面，自律性规则有赖于企业的自愿遵守，因缺少强制力保障和激励措施，其效力有待考

---

〔1〕 See Abdelrehim A. A., Khan A., "Digital Economy Barriers to Trade Regulation Status, Challenges, and China's Response", *International Journal of Social Sciences Perspectives* 2, 2021, pp. 41 - 49.

量;另一方面,自律规则范围有限,仅对加入自律协议的企业有所约束,且在逐利的过程中,大多数跨国公司以企业利益最大化为唯一目标,会忽视其中的个人利益及公共利益。德国数据统计公司 Statist 指出,美国数据泄露数量从 2010 年的 662 起大幅增至 2020 年的 1000 起。[1] 2013 年的雅虎事件保持着有史以来最大的数据泄露记录,将近 30 亿个账户遭到入侵,此次泄露全部影响直到 2017 年才被曝光。最后,以企业自律为基本的态度使行业自律模式缺乏透明度,企业自主性过高易导致其利用对用户信息的控制强化自身的垄断地位,进一步加剧企业与数据主体之间的权利失衡。近十年来,美国大型科技公司借助其算法,通过对用户的个人数据进行收集、分析和加工,不仅获得了巨额利润,也逐渐实现了对数字市场的垄断地位,形成“监控资本主义”。[2] 与此同时,鉴于美国政府长期对这些企业建立的“数据王国”持开放态度,数字巨头企业造成的负面影响仍在持续。[3]

(三)俄罗斯的数据主权强化模式

1. 俄罗斯数据跨境规制历史溯源

俄罗斯的联邦数据立法起步较早,最早的数据保护立法为 2006 年的《有关信息、信息技术和信息保护法》(第 149 号法令),规定信息处理者和网络运营商在持有和传输信息时应采取保护措施。同年颁布了个

---

〔1〕 See https://www. statista. com/statistics/1233538/average-number-saas-apps-yearly, July 24, 2022.

〔2〕 See Shoshana Zubof, *The Age of Surveillance Capitalism: The Fight for a Human Future at the New Frontier of Power*, Public Affairs, 2019, p. 15.

〔3〕 See James Surowiecki, "What Does Breaking up Big Tech Really Mean?", *MIT Technology Review*, 2021, pp. 15 – 17.

人数据领域的基本法《俄罗斯联邦个人数据保护法》(第152号法令),要求数据处理者对数据接收方进行安全评估,如接收方数据安全评估不达标,将取消或中止数据传输。[1] 自2014年提出"切断与互联网的联系"以来,俄罗斯不断收紧对数据的控制,并呈现出极端趋势,已经从地域管控演变为特定条件下的强制中断。[2] 2021年3月,修订后的《俄罗斯联邦个人数据保护法》进一步强化个人数据安全措施,增加了关于个人数据公开和个人数据匿名化的规定。总体来看,俄罗斯对跨境数据予以严格的本地化储存规制,严格监管个人数据跨境流动,基本形成"内外双严"的"孤岛式"数据保护模式。

2. 俄罗斯模式的特点

第一,数据本地化存储机制。2014年5月7日,俄罗斯发布的联邦第97号法令(《〈俄罗斯联邦关于信息、信息技术和信息保护法〉修正案及个别互联网信息交流规范的修正案》)和第242号法令(《就"进一步明确互联网个人数据处理规范"对俄罗斯联邦系列法律的修正案》)确立了数据本地化存储机制。在俄罗斯开展业务的网络运营商在收集、记录、整理、存储、核对和提取俄罗斯公民的个人数据时,必须在俄罗斯境内完成,而且必须使用在俄罗斯境内建立的服务器或数据中心。[3] 此外,俄罗斯通信部要求俄罗斯联邦安全局(FSB)在必要时可以访问至少

---

〔1〕 参见何波:《俄罗斯跨境数据流动立法规则与执法实践》,载《大数据》2016年第6期。

〔2〕 See Маслов А., "Недетская песочница. Как государство экспериментирует с правовым регулированием", *Финансовая газета* 17C, 2020, pp. 8–9.

〔3〕 参见胡炜:《跨境数据流动的国际法挑战及中国应对》,载《社会科学家》2017年第11期。

12 个小时前的数据。对此,数据处理者必须在俄罗斯领土内设置数据存储设备,并按规定留存数据,包括数据主体的 IP 地址、地理位置、联系方式和账户信息等。数据处理者在处理个人数据前,应当向个人数据保护的监管机构履行告知义务,并配合监管机构的执法活动。

第二,严格的个人数据跨境流动机制。第 152 号法令根据域外个人数据保护程度,对个人数据跨境流动条件作出差异化规定。俄罗斯联邦境内的个人数据能够自由传输至对个人数据提供充分保护的国家,在此种情况下的个人数据跨境流动无须征得数据主体的同意,[1] 所有签署《俄罗斯个人数据自动处理保护个人公约》的国家均被视为对个人数据提供充分保护的国家。对于非公约签署国,由俄罗斯联邦通信、信息技术和大众媒体监督局对其个人数据保护能力进行考察,符合标准的国家即可列入"白名单"。除外的国家,则视为数据处理者无法提供同等保护,须满足五项条件之一才能获取个人数据。[2]

3. 俄罗斯模式的优劣

俄罗斯强制性的数据监管目标成为其规范数据跨境流动的立法逻辑。作为一种防御性措施,数据本地化存储在保障网络安全及个人数据权利方面有着天然优势。但随着信息技术的发展,此种模式在新一轮的技术和经济竞争中将不可避免地频露颓势。一方面,数据本地化存储会导致数据安全技术发展滞后。数据本地化政策成为数字壁垒的重要因素,例如,LinkedIn 因拒绝在俄罗斯设立数据中心而被取消在俄罗斯的

---

〔1〕 参见武长海:《国际数据法学》,法律出版社 2021 年版,第 174 页。
〔2〕 参见武长海:《国际数据法学》,法律出版社 2021 年版,第 176 页。

运营资格，微软的 Skype 开发团队撤离俄罗斯，而 Adobe 则完全退出了俄罗斯。[1] 长期处于安全的数据环境中，俄罗斯的本土企业将逐渐缺乏先进技术和数据合规经验，极易陷入数据保护主义和逆全球化的陷阱。[2] 另一方面，数据本地化存储将阻碍数字经济的发展。中国信息通讯研究院 2020 年统计的数据显示，俄罗斯 2019 年数字经济规模为 3076 亿美元，在世界数字经济规模中排名 13。但全球数字经济规模分化较大，俄罗斯的数字经济规模仅与排名 12 的意大利相差 818 亿美元，位于首位的美国经济规模却是俄罗斯的 42 倍。与此同时，世界各国数字经济呈正增长样态，其中我国 2019 年的数字经济增长动力强劲，增速全球第一，高达 15.6%。而俄罗斯则出现经济增长回落趋势，增速缓慢，较上一年反而回落 1.1%。俄罗斯数字经济出现颓势，盖因其数字产业较少，数字经济占总 GDP 不足 30%。[3] 俄罗斯也意识到采取数据本地化政策将与世界数字经济进程脱轨，因此，近年来成立工业互联网产业联盟，开始积极融入全球工业互联网生态。

## 四、个人数据跨境规制的双重外部性分析及利益权衡

在欧美两种模式下，博弈对抗与协调合作仅是一种表象，其实质是

---

〔1〕 参见封帅：《主权原则及其竞争者：数字空间的秩序建构与演化逻辑》，载《俄罗斯东欧中亚研究》2022 年第 4 期。

〔2〕 参见陈庆安、赵路：《俄罗斯国家网络安全立法动态研究》，载《铁道警察学院学报》2021 年第 3 期。

〔3〕 参见中国信息通信研究院白皮书：《全球数字经济新图景（2020）——大变局下的可持续发展新功能》，载 http://www.caict.ac.cn/kxyj/qwfb/bps/202010/t20201014_359826.htm。

数据流动的外部性体现。个人数据跨境流动或助推一国国内规则外向流动,以输出数据治理理念、给予数据控制者在国际市场上抢占市场份额以攫取经济价值的正外部性,或引发国家安全威胁、数据主体泄露风险、数据控制者增加合规成本的负外部性。双重外部性相互渗透,相互影响。欧盟的数据治理理念是规避负外部性的负面影响,美国的治理理念是追逐正外部性带来的利益,二者对利益的抉择不同导致了其个人数据跨境流动规制不同。

### (一)个人数据跨境流动的正外部性表现

#### 1. 数据治理理念的输出

个人数据跨境传输需要相应的制度支持,在统一规则尚未形成的态势下,通过将国内规则上升为国际通用行为准则,给规则制定者带来数据治理理念输出的正外部性。例如,新加坡受美国 CBPR 体系影响,2012 年出台的《个人数据保护法》规定,境外数据接收者可以通过签订合同、制定公司规则等方式获得与新加坡数据流通的资格。巴西在立法上受 GDPR 影响,在《通用数据保护法》中设立了个人数据和隐私保护委员会以及数据保护局等监督机构。再如,日本的《个人信息保护法》既参照 GDPR 的相关规则又积极迎合美国理念,在开篇宗旨中提出促进数据自由流动,还规定了严格的数据跨境流动标准和高昂的违规处罚金额。此外,除了与美国、欧盟展开经济合作的发达国家在立法上向欧美理念靠拢外,许多发展中经济体也在积极仿效欧美立法模式以寻求合作机会。例如,印度的《2022 年个人数据保护法案(草案)》和泰国的《个人数据保护法》等立法均认可 GDPR 标准。

2. 经济发展的重要驱动

数据的非竞争性属性意味着数据开放共享不仅不会使数据价值下降,反而会促进数据要素的重复使用和对数据进行最大化的挖掘开发,进而创造更大的社会价值。[1] 数据跨境流动即是实现数据最大化利用和数据资源价值的必然路径,为企业和社会的经济发展带来正外部性。个人数据的价值在于识别分析数据对应的主体的行为趋势或倾向,跨境流动的个人数据是企业开发和运营数据产业的生产原料,在企业获得商业利益的同时,为用户提供便捷的数字生活和高质量的数据浏览体验。在全球经济增长产业中,数据跨境流动产业的增长占比已经超越以商品、服务、资本、贸易等为代表的传统要素。据统计,从2009年到2018年的十年间,全球跨境数据流动对全球经济增长贡献度达到了10.1%。[2] 当前,受新冠疫情影响,世界经济、政治、技术和文化面临大调整和大发展,数字经济成为疫情过后国家经济复苏的关键力量,人类社会已进入数据驱动经济(Data-driven economy)时代。

(二)个人数据跨境流动的负外部性表现

1. 国家安全的威胁

随着信息数字化进程的加快,个人数据安全已然成为关切国家安全和发展的重大问题,尤其是数据量变、质变互相转换的过程使其涉及的利益从单个主体迁移至社会和国家层面,引发国家安全威胁的负外

---

[1] 参见唐要家、唐春晖:《数据要素经济增长倍增机制及治理体系》,载《人文杂志》2020年第11期。

[2] 参见张茉楠:《跨境数据流动正成为大国战略博弈新焦点》,载《金融与经济》2021年第2期。

部性。

首先,个人数据不再止于公民基本权利的范畴,自由流动的数据在被有针对性地收集并经过大数据分析后,可以对一国的社会状况进行精准画像,造成国家发展、国防安全威胁。对此,无论是《服务贸易总协议》(GATS)还是《全面与进步跨太平洋伙伴关系协定》(CPTPP)均设置“国家安全例外”条款,各国不得接受或要求他国提供违反其国家重要安全利益的信息。[1] 其次,基于商业目的的数据跨境流动也会引发国家安全的担忧。在 Schrems Ⅰ案件中,欧洲法院裁定《安全港协议》无效,除了认为美国数据保护标准与其不符外,对美国国家安全局监控项目的担忧和对其在欧洲情报数据收集行为的指控也是重要原因之一。虽然《安全港协议》以商业行为中的个人数据为规制对象,但诸如微软等加入协议的公司被质疑参与了美国的监控项目。最后,缺乏限制条件的数据流动行为可能助长数据霸权,基于绝对的数据市场利益驱动与发达国家的信息技术优势,数据将从发展中国家向发达国家汇聚,深化发展中国家与发达国家的数据鸿沟,加剧全球经济发展的失衡。

2. 个人隐私权的侵犯

数据跨境流动与个人隐私紧密相关,大数据作为社会改造工具以牺牲个人权利为代价又有沦为数据控制者专享特权趋势,[2]引发企业大规模违规收集、滥用甚至泄露个人信息等负外部性,加之法律适用、管辖权

---

[1] 参见张丽娟、郭若楠:《国际贸易规则中的“国家安全例外”条款探析》,载《国际论坛》2020 年第 3 期。

[2] 参见胡朝阳:《大数据背景下个人信息处理行为的法律规制——以个人信息处理行为的双重外部性为分析视角》,载《重庆大学学报(社会科学版)》2020 年第 1 期。

划分等难题都给个人隐私的跨境保护带来了挑战。

2021年7月23日，经澳大利亚信息专员办公室（Australian Information Commissioner，OAIC）调查，确认Uber侵犯了超百万澳大利亚人的隐私。这一隐私侵犯丑闻源于2016年Uber数据库被黑客入侵并窃取5700万全球用户和司机的数据。值得注意的是，Uber并未第一时间通知用户，反而支付价值10万美元的比特币给黑客作为“封口费”。2021年7月21日，中国国家互联网应急中心（CNCERT/CC）发布的《2020年中国互联网网络安全报告》指出，2020年共发现我国境内医学影像数据通过网络出境497万余次，涉及境内3347个IP地址。医学影像文件在未脱敏的情况下包含大量患者个人信息，2020年共发现我国未脱敏医学影像数据出境近40万次，占出境总次数的7.9%。[1] 隐私泄露带给公民的伤害是巨大且沉重的，然而，由数据泄露带来的损害往往难以认定。2017年，有学者统计了中国602份涉及个人信息侵权的裁判文书，在数据泄露导致的人格权受侵害的纠纷中，有40%的裁判结果不支持受害人的赔偿请求，[2]其中主要原因是无法认定损害是由于数据泄露引起的。近日，在加拿大阿尔伯塔省高等法院审理的Uber用户个人信息泄露案中，由于原告无法证明其信息被黑客入侵造成的损失而被法院驳回请求。[3]

---

〔1〕 参见国家计算机网络应急技术处理协调中心：《2020年中国互联网网络安全报告》，载https://www.cert.org.cn/publish/main/upload/File/2020%20Annual%20Report.pdf，2021年10月16日最后访问。

〔2〕 参见叶名怡：《个人信息的侵权法保护》，载《法学研究》2018年第4期。

〔3〕 Setoguchi v. Uber B. V., 2021 ABQB 18.

3. 数据出境合规负担的加重

无论对数据流动是持开放还是持保守态度,各国均对数据跨境传输设置门槛,企业要满足这些合规要求困难重重,如违规还要面临高额的罚款。2021 年 7 月 16 日,亚马逊公司因欧洲核心部门对个人数据的处理不符合 GDPR 的规定,卢森堡数据保护委员会(CNPD)向其开出了约合 8.87 亿美元的巨额罚单。同样,在美国 Facebook 公司超过 5000 万用户数据在用户不知情的情况下被用于帮助特朗普竞选总统,此次事件导致 Facebook 公司面临多个国家的处罚和调查,股票市场也蒸发巨额市值。跨境数据流动涉及部门多、链条长,国家之间或国家与地区之间监管规则呈碎片化与阵营化趋势,产生企业数据出境合规成本加重的负外部性,不利于产业数字化发展。

(三)个人数据跨境流动双重外部性下的利益权衡

在数字经济背景下,个人数据跨境流动既可能给一国带来治理理念输出和分享经济价值收益的正外部性,也可能引发国家安全威胁、数据主体泄露风险、施加数据控制者增加数据合规成本的负外部性,其溢出效应具有双重外部性且交互作用。

外部性理论的关键在于通过比较社会成本与社会收益的高低作出权衡取舍,从而规避较为严重的损害,而国际规则是影响制度收益分配和成本负担的最直接因素。由数据跨境流动引发的正负外部性并非单一变量,规制其负外部性可能制约正外部性实现,追求其正外部性可能激励负外部性溢出,正负外部性此消彼长,处于深沉的张力之中。例如,欧盟 GDPR 规定了个人知情权、数据可携权、被遗忘权等权利配置规则,为规制侵犯个人隐私权的负外部性提供了制度支撑,不过对个人数据保护的严苛条件会抑制分享经济的正外部效应溢出,同时引发企业数据出境合规成本增加的负外部性。诚然,制度冲突源于利益冲突取舍中,不同国家更倾向对某一正外部性的追求或对某一负外部性的消解。欧盟数据治理着重规避侵犯个人数据权负外部性造成的危害,美国则是追逐分享经济正外部性带来的利益,致使二者分别侧重个人数据权保障或数据自由流动的利益考量,引发话语权争夺、数据资源抢占的竞争态势。然而,虽然价值选择存在分歧,但二者均积极实现数据治理理念,向国际社会输出这一正外部性,极力消解威胁国家安全这一负外部性,故二者均呈现规则域外适用的趋同表征。

在个人数据问题上,无论是 GDPR 还是 CLOUD 法案,都仅是利益权衡后的解决方案之一,是特定技术条件和时代场景下的一种立法尝试。立法机构的使命在于,如何根据不断变化的社会和技术进行适当监管,如何保护数字经济中处于弱势的自然人的基本价值,如何最大限度地促进经济创新和社会福祉,如何协调法律与技术的衔接以及如何使法律在技术前沿有效运行。[1] 在技术飞速变革的时代背景下,采取单一利益取向的个人数据保护立法模式不复存在。数据保护与监管也将始终处于平衡不同主体利益以及权衡立法目标的摇摆之中,美欧之间的复杂冲突与不断合作也印证了这一观点。

---

〔1〕 参见金晶:《欧盟〈一般数据保护条例〉:演进、要点与疑义》,载《欧洲研究》2018 年第 4 期。

# 第五章　数据主权的扩张与适用边界：数据立法域外适用现象

## 一、数据域外管辖趋势

不同于传统的生产要素，数据作为新型生产要素具有颠覆性的价值，数字权力由此产生。数据的巨大价值对于国际竞争和全球价值链构造产生了实质影响，各国纷纷追求经济主权和技术主权，在大国博弈的战略层面上甚至还嵌入了国家安全博弈。因此，在新一轮的国际竞争中，提升国家数字经济竞争力和维护数据安全已然上升为国家战略的重要组成部分。欧盟委员会 2014 年发布的《数据价值链战略计划》，英国商务、创新和技能部 2013 年发布的《英国数据能力发展战略规划》以及美国总统行政办公室 2014 年发布的《大数据：抓住机遇，保存价值》白皮书等，均将数据资源利用上升为国家战略规划，以实现数据的最大价值。我国也将数字化发展纳入《中华人民共和国国民经济和社会发展第十四个五年规划和 2035 年远景目标纲要》，指出“迎接数字时代，激活数据要素潜能,推进网络强国建设,加快建设数字经济、数字社会、数字政府,以数字化转型整体驱动生产方式、生活方式和治理方式变革”。[1]

数据具有天然的流动便利性,国内规则的域外效力成为不可回避的问题。在此情形下,多数国家通过赋予数据治理规则域外效力以扩大管辖范围。例如,GDPR 第 3 条在《数据保护指令》的基础上扩大了地域适用范围,[2]设立了“机构设立标准”和“意图指向标准”,其动因在于欧洲极为重视对人格尊严的保护,且意在摆脱既有的经济劣势,提升国际合作机制效果。首先,欧盟的个人数据立法不仅是附带经济利益的法律代码,而且是关乎个人公共形象的载体,是个人尊严和荣誉的体现。此外,欧盟互联网企业式微,欧盟于 2021 年 3 月发布了《2030 数字指南针:欧洲数字十年之路》计划,希望通过数字人才培养、数字基础设施建设以及产业数字化的途径,希冀改变全球互联网企业力量对比。[3] 最后,打破现有国际合作机制效果不佳的困境。现有双边及多边规则实施效果不

〔1〕《中华人民共和国国民经济和社会发展第十四个五年规划和 2035 年远景目标纲要》第五篇:“加快数字化发展　建设数字中国”。

〔2〕 GDPR 第 3 条“地域范围”:1. 该条例适用于数据控制者或处理者在欧盟境内存在设立机构活动的背景下所实施个人数据处理行为,无论该处理行为是否发生在欧盟境内。2. 该条例适用于在欧盟境内不存在设立机构的数据控制者或处理者对欧盟境内数据主体的个人数据所实施的处理行为,如果该处理行为涉及:(a)对欧盟境内的数据主体提供商品或服务,无论数据主体是否被要求付费;或者(b)监控欧盟境内数据主体的行为,只要他们的行为发生在欧盟境内。3. 该条例适用于不在欧盟境内,而凭借国际公法适用成员国法律的地区的数据控制者所实施的个人数据处理行为。

〔3〕 See European Commission, “2030 Digital Compass: the European Way for the Digital Decade”, https://eufordigital. eu/wp-content/uploads/2021/03/2030 – Digital-Compass-the-European-way-for-the-Digital-Decade. pdf, July 24, 2022.

佳，欧盟希望通过域外效力立法打破困境。数据规则域外效力立法的另一个典型代表，即美国在 2018 年通过的 CLOUD 法案，该法案赋予美国执法、司法、监管部门直接通过国内法律程序调取存储在境外美国公司的数据的权力。〔1〕此外，德国、巴西、印度等国家也有相关域外效力立法，个人数据跨境流动规则的域外适用呈现趋同表现。受数据治理理念冲突、国际规则话语抢占以及数据资源争夺等因素的影响，欧美在数据规则域外适用领域有着迫切需求和极具代表性的立法模式。

1. 域外适用——美国 CLOUD 法案的立法目的

为解决"微软公司诉美国案"(Microsoft Corp. v. United States)引发的境外获取数据难的问题。2018 年通过的 CLOUD 法案确立了美国域外数据管辖的"数据控制者标准"模式，〔2〕其借此开拓"数字边疆"。CLOUD 法案规定，"无论通信、记录或其他信息是否存储在美国境内，服务提供者均应当按照本章所规定的义务要求，保存、备份、披露通信内容、记录或其他信息，只要上述通信内容、记录或其他信息为该服务提供者所拥有(possession)、监护(custody)或控制(control)"。〔3〕基于数据服务商为美国企业这一连接点，拓展了美国数据管辖权的可及范围。其设置了 3 条让步性条款：第一，数据服务主体提供信息可能实质性地违

---

〔1〕 参见京东法律研究院：《欧盟数据宪章：〈一般数据保护条例〉(GDPR)评述及实务指引》，法律出版社 2018 年版，第 21 页。

〔2〕 参见周梦迪：《美国 CLOUD 法案：全球数据管辖新"铁幕"》，载《国际经济法学刊》2021 年第 1 期。

〔3〕 洪延青：《美国快速通过 CLOUD 法案　明确数据主权战略》，载《中国信息安全》2018 年第 4 期。

反“适格外国政府”的法律。CLOUD 法案对“适格”作出了严苛限定,对“适格”的判断赋予美国政府极大的自由裁量权。第二,综合考虑个案情况,依据公平正义该执法程序应当被撤销或修改。第三,数据主体不是美国人且不在美国居住。

CLOUD 法案以美国获取域外数据为原则,限制美国获取域外数据为例外,仅有 3 类情况限制美国获取域外数据,但其他国家需满足 11 项条件才能获取美国数据。[1] 毫无疑问,CLOUD 法案打着保障美国数据外向流动安全的旗号,把美国政府获取数据的权力延伸至其他国家,而其他国家想要调取从属美国的数据控制者所持有的本国数据还须“仰美国鼻息”。至此美国便能在数据领域延伸“边疆”,进一步提升对全球数据的控制力,将其单边经贸政策向数据治理层面拓展。

2. 管辖权扩张——欧盟 GDPR 的特征

在 GDPR 正式生效之前,美国在网络领域的霸权姿态就已经严重威胁欧盟的网络空间话语权,美国在数字领域日益提升的主导地位更是让欧盟陷入两难境地。一方面,保护本国数据安全将会错过数字产业发展浪潮,阻碍数据产业发展;另一方面,主动向美国建立的数据流动规则体系靠拢,可以借力发展数据产业,但是数据安全将受到威胁。

为此,GDPR 规则应运而生,欧盟采取内外联动的模式扩张域内管辖权,将“欧盟标准”变为“国际标准”,转被动为主动。对内,欧盟强化数据控制权,对涉及跨国公司内部机构数据的跨境流动设置门槛。

---

[1] 参见张晓君:《数据主权规则建设的模式与借鉴——兼论中国数据主权的规则构建》,载《现代法学》2020 年第 6 期。

GDPR 的"约束性企业规则"(BCRs)要求跨国公司集团制定约束企业内部机构间数据跨境流动及隐私保护的规则,保障跨国企业涉及向域外转移数据时维持与 GDPR 相同的保护标准,使 GDPR 成为事实上具有域外效力的规则。对外,GDPR 突破地域管辖,将严格的"欧盟标准"设置为连接欧盟数据市场的前置条件。GDPR 第 3 条规定了其管辖的两个标准——"设立机构标准"和"目标意图标准",要求无论数据处理行为是否发生在欧盟,设立在欧盟境内的控制者或处理者均适用 GDPR;无论数据控制者或处理者是否在欧盟境内直接设立机构,只要其在提供商品或服务过程中处理了欧盟境内数据主体的个人数据,也属 GDPR 的管辖范围。实践中,GDPR 对任何为欧盟居民提供服务的企业均享有管辖权,不管该企业是否在境内,是否使用境内设备,这使得欧盟的数据流动规则不再局限于成员内部,带有鲜明的域外适用色彩。

## 二、数据规则域外效力的法理检视

### (一)数据主权与属地原则的发展

数据主权源自网络主权,是大数据时代国家主权的核心表现。[1]《塔林手册 2.0 版》将网络主权的对象扩大到数据,第一次将数据创设为独立的国际管辖权客体,为数据主权的理论提供了支撑。[2] 有学者主张

〔1〕 参见肖冬梅、文禹衡:《数据权谱系论纲》,载《湘潭大学学报(哲学社会科学版)》2015 年第 6 期。

〔2〕 参见黄志雄:《网络空间国际规则新动向:〈塔林手册 2.0 版〉研究文集》,社会科学文献出版社 2019 年版,第 111 页。

“数据主权是国家对其管辖地域内产生的数据拥有的最高权力”[1]。有学者认为,“境外形成的一国公民的数据仍属该国管辖范围”[2]。虽然对数据主权的概念未有明确统一定义,但其实质内涵清晰,数据主权对内体现为国家对其政权管辖地域内的数据和本国国民数据的最高权力,对外表现为国家在数据上的合作权和独立自主权。[3] 管辖权被认为是有关国家权力与权利的重要问题,从这个角度讲,管辖权规则具有划分国家管理权力与权利的功能,旨在厘清人或事何时应受国家的管理。[4] 传统观念认为,域外管辖权是在“权力导向”下实施的,由经济强国施加本国法律效力于他国(大多是经济实力较弱的国家),意图达到符合强国利益的结果。[5] 而“规则导向”下的域外管辖权,可以通过国际规则的内化和行为体的互动重塑新的利益观念,不仅能够强化各国的遵守、抑制经济大国的权力扩张,还能帮助经济实力较弱的国家抵御他国的无端干涉、促使其参与国际事务并实现自身利益。

1.属地原则

现代国家普遍遵循以属地原则为主,属人原则为辅的管辖原则。属

---

〔1〕 沈国麟:《大数据时代的数据主权和国家数据战略》,载《南京社会科学》2014 年第 6 期。类似观点亦可参见孙南翔、张晓君:《论数据主权——基于虚拟空间博弈与合作的考察》,载《太平洋学报》2015 年第 2 期;曹磊:《网络空间的数据权研究》,载《国际观察》2013 年第 1 期。

〔2〕 杜雁芸:《大数据时代国家数据主权问题研究》,载《国际观察》2016 年第 3 期。

〔3〕 参见孙南翔、张晓君:《论数据主权——基于虚拟空间博弈与合作的考察》,载《太平洋学报》2015 年第 2 期。

〔4〕 See Mills A., “Rethinking Jurisdiction in International Law,” *The British Year Book of International Law* 84, 2014, p. 187.

〔5〕 See Ryngaert C., *Jurisdiction in international law*, Oxford University Press, 2015, p. 208.

地管辖权是实现国家经济主权的最基本方式,被前联合国秘书长潘基文称赞为国家行使权力的基石性(bedrock)原则。属地原则(Territoriality Principle)以机构性、组织性和功能性的法律构建行政管理体系,并使之与管辖的内容、程度、地域等连接因素相融合,形成以空间和地理划分各自管理边界的标准。[1] 美国《对外关系法重述(第三版)》(以下简称《重述》)认为,一国有权对全部或实质部分发生在领域内的行为制定法律。[2] 简言之,属地原则不受国籍的影响,一国可以对发生在本国领土范围内的事件和行为进行管理,而不论行为人是否具有本国国籍。

严格的属地原则禁止一国权力的域外运行,这在美国早期司法实践中得到了广泛的体现。[3] 1808 年,美国最高法院在 Rose v. Himely 案中指出:"各国的立法具有地域性"。[4] 四年后,美国最高法院法官 John Marshall 在 The Schooner Exchange v. McFadden 案中解释道:"一国对其领域内的一切当然地享有管理上的排他性和绝对性。除自我限制外,不应再受任何限制,否则都将视为对主权的减损。是故,未征得国家同意,不得对其完全的、彻底的权力设定限制性条件,否则,这些条件都不具有

---

〔1〕 See Leslie J. Moran, *Placing Jurisdiction*, Routledge-Cavendish, 2007, pp. 159 – 160.

〔2〕 See Rest. 3rd, Restatement of Foreign Relation Law of the United States, §402(1)(a)(1987).

〔3〕 本研究在探讨法律的域外适用及冲突时,大多以美国实践为研究对象,原因有二:其一,强大的经济实力使得美国规则输出的国际化程度较高;其二,美国在诸多领域的法律标准较高。事实上,法律发生域外冲突的前提通常是一国为行为人设立了更高的标准,例如,在反垄断领域,在日本的美国投资者更担心美国法在日本的适用,而在美国的日本投资者则不担心日本法在美国的适用,因为美国有更高标准的规则。基于此,美国实践可以为本研究提供丰富的材料。

〔4〕 United States v. Felix-Gutierrez, 940 F. 2d 1200 (9th Cir 1991).

合法性。"[1]该理论在之后的案件中被重申,[2]Attorney of New Zealand v. Ortiz 案判决中写到,没有国家能够以立法的形式干预管辖地域范围外的财产,如果一国做出这种行为,就构成对属地主权理论的直接侵犯。[3] 可见,国际法管辖理论的早期研究认为,一国仅在领域内享有绝对的主权与管辖权,[4]反对权力的域外行使,除非属地国同意。

数据的无形性与流动的天然属性必然造成国家管理行为自内向外的延伸。过分严苛的属地原则会成为一国权力域外运行的障碍,造成国际社会对于数据流动管辖的"无能为力"。

2. 属人原则[5]

(1)属人原则的产生及其实践

属地原则在理论上的分歧或局限,给其适用造成了诸多困扰。因此,我们需要其他原则进行补充,共同解决管辖问题,而属人原则(Nationality Principle)便是其中之一,它是指一国对所有在其领土范围内或领土范围外的、具有本国国籍的人享有管辖权。[6] 可见,国籍是人与国家之间固定的法律联系,国家据此对具有本国国籍的人行使管辖权。路易斯·亨金(Louis Henkin)教授指出,"国际体系承认国籍是国家体系中的国家地

---

〔1〕 The Schooner Exchange v. McFadden, 11U. S. (7 Cranch 116,136) (1812).

〔2〕 See Perm Ct Arb, Island of Palmas (United States v. Netherlands), (1928) 2 RIAA 829.

〔3〕 Attorney of New Zealand v. Ortiz[1984]1 A. C. 1[1982]3 All E. R. 432.

〔4〕 See J. Story, *Commentaries on the conflict of laws*, Stockstadt: Keip, 2007, p. 21.

〔5〕 属人原则又称"国籍原则",包括主动国籍原则和被动国籍原则,后者被认为是对管辖权的过度解释,因此,国际法上的属人原则通常是指主动国籍原则,而本研究的属人原则也仅指主动国籍原则。

〔6〕 参见周忠海主编:《国际经济法》,中国政法大学出版社2008年版,第129页。

位的一种延伸——乃至加强,从而也没有任何理由否定国籍作为管辖权的基础,这似乎是合情合理的,几乎不证自明。"[1]是故,国内法的效力不仅与地域因素有关,也与各国的人员关系有关。

在属人管辖权中,当权力的作用对象处于一国的领域外,那么,该权力在实质上就是一种域外管辖权。法律的域外管辖并不是一个最近才涌现的新问题,也不是一个专属于某一个主权国家的问题,环顾全球,许多国家或地区的法律条文均含有域外管辖的条款。[2] 属人原则最初是刑法域外效力的依据,由法国诉土耳其的"荷花案"(The Lotus Case)[3]引申,在后续的发展中,它常被国际经济法学者引用,作为国内经济立法的域外效力依据。实践中,属人原则被各国广泛地应用于域外税收和经济制裁领域。一方面,诸多国家依据属人原则推行本国税法的域外效力。例如,在1924年的库克诉塔特案(Cook v. Tait)[4]中,美国对域外征税权进行论证,美国最高法院指出,跨国征税的理论基础是公民所享受的利益超越了领土界限。美国对世界任何地方的本国公民进行保护,公民享有政策保障,而税收正是保持这种保障性政策的成本。[5] 据此,美国公民应就其海外收入向美国政府纳税。美国对公司亦是如此,采用

---

〔1〕 [美]路易斯·亨金:《国际法:政治与价值》,张乃根译,中国政法大学出版社2005年版,第236页。

〔2〕 See Mark Janis, *An introduction to international law*, Boston: Little Brown § Company, 1988, pp. 258-259.

〔3〕 France v. Turkey (1927) P. C. I. J. Ser. A, No. 10.

〔4〕 265 U. S. 47, 54-56 (1924). 参见[美]理查德·L. 多恩伯格:《国际税法概要》,马康明、李金早等译,中国社会科学出版社1999年版,第16页。

〔5〕 参见[美]理查德·L. 多恩伯格:《国际税法概要》,马康明、李金早等译,中国社会科学出版社1999年版,第13页。

国籍原则,要求美国公司就世界范围的收入向美国纳税。[1] 总之,国际法不禁止一国对不在其域内的国民和在外国成立的公司行使管辖权,因为他们仍受国家属人权威的支配。[2] 另一方面,在经济制裁领域,一些国家也会依据属人原则对本国公司的域外行为主张权力,甚至通过控制理论(control theory)将国籍原则的适用范围进一步扩大,将那些不具有本国国籍,而被本国人或公司控制的公司纳入管理范围。例如,1941 年美国《与敌国贸易法》(Trading with the Enemy Act)修订案,禁止任何"受美国管辖的人"[3]与特定国家或国民进行商业交易。该条的效力范围及于具有外国国籍但被美国控制的公司。

(2)属人原则在数据领域的应用

信息技术赋权社会,对社会单元进行权力重构,改变着国家传统权力的边界。网络空间具有跨越国界的特征,数据是构成网络空间的最基本单元,国家要有效地控制数据亟须突破领土边界行使管辖权,国内规则的域外效力成为不可回避的问题。数据主权理论进一步发展属地原则,不断突破传统国家地理疆域范畴,国家主权伴随数据流动扩张至地理疆域之外。至此,国家可以将外国人在境外针对本国政权管辖地域内的数据和本国国民数据进行处理的行为纳入本国国内法规制范围。在

---

〔1〕《国内税收法规》第 7701 条(a)(3)及(4)。参见[美]理查德·L. 多恩伯格:《国际税法概要》,马康明、李金早等译,中国社会科学出版社 1999 年版,第 13、14 页。

〔2〕参见[英]詹宁斯修订:《奥本海国际法》(第 1 卷第 1 分册),王铁崖等译,中国大百科全书出版社 1995 年版,第 327 页。

〔3〕"受美国管辖的人"包括:(1)任何美国国民;(2)在美国的任何人;(3)根据美国法成立的或在美国有主要营业地点的任何商业企业;(4)由任何上列三类中的任何一类所拥有或控制的任何商业企业(不管其成立地点)。

此基础上,基于数据主体的属人管辖权为数据规则域外效力立法提供了的理论支撑。

在立法管辖权方面,依据数据主体的国籍与惯常居住地而行使管辖权并无不妥。对此,《美国金融服务现代化法》《美国健康保险隐私及责任法》《美国电话消费者保护法》均以美国消费者作为连接点,对其数据予以规制。值得注意的是,美国 CLOUD 法案对属人管辖的连接点进行扩大解释,只要与美国有"足够的联系",就足以触发美国对域外数据的辖权。[1] CLOUD 法案规定,美国的通信服务提供商所拥有、监管或控制的数据,无论是否位于美国境内,都要由美国进行监管或控制,通过对"数据控制者"的控制将域外数据纳入美国的属人管辖范畴之内。其次,在执法管辖权方面,在 CLOUD 法案颁布之前,美国主要通过采取查询信件和法律互助条约两种执行模式来获取域外数据。[2] 而这两种模式执行效率的低下在美国"微软案件"中凸显,对此 CLOUD 法案将《存储通信法》的适用扩张到域外,改变了原有域外数据的执法管辖权需要数据所在国同意的原则,并通过美国大型企业"中间人"进步一收集数据,将全球数据纳入囊中。

3. 效果原则

随着当代国家经济交往的日趋频繁,一些国家不再满足仅依据属地原则或属人原则来管理经济活动。在这方面,美国率先提出"效果原则"

[1] See Promoting Public Safety, Privacy, and the Rule of Law Around the World: The Purpose and Impact of the CLOUD Act, White Paper, April 2019.

[2] 参见杨永红:《美国域外数据管辖权研究》,载《法商研究》2022 年第 2 期。

(effects doctrine):不论某一经济行为是否发生在本国国内、是否有本国人参与,只要该行为可能会对一国的利益造成影响,该国就可以据此行使管辖权。而随着数据跨境流动引发的全球治理诉求,效果原则也隐现于数据领域。

(1)效果原则的产生及其实践

依据属地原则,国家可以对其领土上的所有人、财产及行为享有管辖权。但是,从另一个角度分析,国家无权对域外的人、财物和行为享有管辖权。而属人原则的缺陷在于无法对非本国国籍的人及其行为进行约束。例如,为获取其他国家的自然资源或宽松的法律环境,跨国公司通常在东道国设立子公司进行生产和销售。在这种情况下,依据属人原则,投资国无权对该子公司及其行为进行管理。基于此,上述两种原则不能穷尽管辖的各个方面,随着国际法的发展,学者们提出了诸多传统原则的例外,[1]其中之一就是效果原则。效果原则最早见于反垄断领域,它是针对外国企业在外国所为的违反一国国内反垄断法的行为,若该行为对国内市场产生了直接或间接的影响效果,则应该适用国内反垄断法予以管制。[2]

揆之于现实,美国在最初制定《谢尔曼法》时,并未提出“域外问题”。1909年,在美国香蕉公司诉水果公司(American Banana Company v. United Fruit Co.)案中,[3]美国仍然奉行严格的属地管辖,霍姆斯

---

[1] 参见王晓晔:《反垄断法》,法律出版社2011年版,第385页。

[2] 参见陈丽华、陈晖:《反垄断法域外适用的效果原则》,载《当代法学》2003年第1期。

[3] American Banana Company v. United Fruit Company, 213 U. S. 347, 356, 29 S Ct. 511, 512(1909).

(Holms)法官关于属地管辖依据的论述也成为此后几十年审理案件的重要依据。而对属地管辖进行突破,最早将效果原则应用于涉外经济领域的是 1945 年 U. S. v. Aluminum Company of America 案(以下简称 ALCOA 案)。[1] 该案中,ALCOA 是美国的一家铝业公司,在加拿大成立 Aluminum 公司并与其他几家外国公司成立了名为 Alliance 的卡特尔,再通过瑞士的公司进行运作,相关公司共同维持着世界铝市场的价格。由于 Alliance 公司在全球范围内均有业务,其卡特尔行为必然会影响美国的铝市场价格。因此,美国反托拉斯局对此进行审查,将 ALCOA 公司诉至法院。地方法院驳回了起诉,认为 ALCOA 公司并未直接参与卡特尔,其他参与者均为非美国公司且卡特尔也在国外运作,因此并未违反《谢尔曼法》的规定。但第二巡回上诉法院推翻了原判决,Hand 法官认为《谢尔曼法》应当适用于那些有意影响并确实影响美国贸易与商务的行为,而不论该行为发生于何地,抑或行为主体是否具有美国国籍。Hand 法官所提出的理论就是后世所称的"效果原则"。ALCOA 案标志着反托拉斯法域外适用的开始,效果原则的确立为企业海外并购的反托拉斯审查奠定了基础。如今,它已成为美国法院普遍适用的原则。

受美国的影响,许多国家开始推行效果原则。20 世纪 90 年代,除少数国家尚未明确规定反垄断法的域外效力,其他绝大多数国家或地区都在反垄断法中规定了域外效力。[2] 但使用上,欧盟没有选择"效果原则"这一术语,而是采用"实施原则"一词,虽然措辞不同,但二者没有实

[1] U. S. v. Aluminum Company of America et al., 148 F. 2d 416, 443(2nd Cir. 1945).

[2] 参见王晓晔:《反垄断法》,法律出版社 2011 年版,第 387 页。

质的区别。《建立欧洲共同体条约》第 81 条和第 82 条是其反垄断法的域外效力条款,规定适用于非成员国的企业实施的限制性或滥用行为,[1] 干预的前提是交易行为将会对欧盟市场产生直接影响(immediate effect)或实质影响(substantial effect)。[2] 也就是说,只要集中行为可能对共同体市场产生影响,无论被指控的企业是否属于欧盟成员,欧盟都有权进行干预。

(2)效果原则在数据领域的应用

效果原则是基于反垄断行为的复杂性而产生,而反垄断法的域外适用是国家管理企业域外行为的必然结果。在经济全球化时代,国家之间的交往日益频繁,越来越多的政府管理措施开始超出一国领土或国籍限制而具有域外效果。是故,效果原则的适用也呈现突破反垄断法领域并向外延伸的趋势,而数据领域则是效果原则的新场所。

而对于欧盟来说,对数据管辖权的扩张旨在加强对数据主体权力的保护。GDPR 第 3 条第 1 款、第 2 款规定了 GDPR 管辖的两个标准:“设立机构标准”和“目标意图标准”。两种管辖权模式设定均赋予欧盟规则一定的域外效力,尤其是“目标意图标准”以保障公民基本权利为目的,极大地扩张了 GDPR 适用范围。“目标意图标准”以欧盟个人数据为连接点,无论数据主体是位于欧盟境内还是境外,只要被处理的数据为“在

---

[1] See H. Van Houtte, “Application by Arbitrators or Articles 81 &(and) 82 and Their Relationship with the European Commission”, *European Business Law Review* 19, 2008, pp. 63 - 76.

[2] See Kiobel et al. v. Royal Dutch Petroleum, Case T - 102/96 Gencor [1991 ECR 11 - 753], at para. 90.

欧盟境内”数据主体的个人数据，为其“提供了商品或服务，或监测了数据主体在欧盟境内发生的行为”的数据控制者或处理者即受到 GDPR 的管辖。对于“目标意图标准”中连接因素（nexus）的判断，在 Peter Pammer 案[1]和 Oliver Heller 案[2]中，欧盟法院认为除了考虑数据控制者或处理者的主观意图，还应考察数据控制者或处理者的处理行为与提供商品或服务是否存在关联，只要数据处理行为对欧盟境内数据主体产生了实际上的“效果”或“影响”，即受 GDPR 约束。[3] 实际上，这种判断标准是域外行为对国内市场产生了“一定效果”，准确地说，是对国内数据主体产生了“一定效果”。

（二）全球治理的必然诉求

全球治理是全球化时代世界的主题词之一。[4] “治理”（governance）一词流行于 20 世纪 90 年代的西方，治理理论的主要创始人罗西瑙（J. N. Rosenau）认为，治理是一系列活动领域中的管理机制，这些管理机制虽未得到正式授权，却能发挥作用。与统治（government）不同，治理是一种由共同目标支持的管理活动，而对这些活动进行管理的主体未必是政府，它也无须依靠国家的强制力来实现。[5] 俞可平教授将这一定义

---

〔1〕 Peter Pammer v. Reederei Karl Schluter GmbH & Co. KG, CJEU C – 585/08, 7 December 2010.

〔2〕 Hotel Alpenhof GesmbH v. Oliver Heller, CJEU C – 144/09, 7 December 2010.

〔3〕 参见张新新：《个人数据保护法的域外效力研究》，载《国际法学刊》2021 年第 4 期。

〔4〕 参见赵骏：《全球治理视野下的国际法治与国内法治》，载《中国社会科学》2014 年第 10 期。

〔5〕 See Rosenau J. N. , “Governance in the Twenty-first Century”, *Global governance* 1, Winter 1995, pp. 13 – 43.

应用到国际背景，他认为“全球治理”是指通过具有约束力的国际规制(regimes)解决全球性的问题，以维持正常的国际政治经济秩序。[1] 全球治理理论基于复杂的国际形势和人类共同的追求而产生，它要求利益攸关的新型治理主体参与其中，并分享国家管理的权力，试图攻破传统规则模式下的难垦之域。毕竟，全球化问题无法仅靠一国政府的力量而有效解决，国际间的“合意”往往又因为利益冲突而进展缓慢，通过诸多努力制定的国际规则通常无法适应风云变幻的国际社会。

全球治理理论的提出，为数据全球治理注入了新的活力——除传统的主权国家外，以跨国公司为代表的利益攸关者[2]也加入到治理之中。这使得国家数据流动规制中的角色发生转变，开始与其他参与主体分享管理的权力。在这种理论下，各相关主体因在某种层面上具有利益的一致性或趋同性，而表现出相互依赖的关系。同时，由于数据流动“跨越国界”，使得国家主权反映在法律适用中的传统地域管辖变得过时与狭隘。是故，从国际趋势来看，为了有效监管跨国互联网企业的行为并建立有序的数据流动秩序，各国纷纷开始扩大本国数据规则的域外适用，在这一过程中，数据主权也以一种强势的姿态向外拓张。

总之，国内法规则的“域外适用”一直是国际法领域的重大课题，而属人原则以及效果原则在很多情况下成为规则域外效力的依据，它的意

〔1〕 参见俞可平：《全球治理引论》，载《马克思主义与现实》2002 年第 1 期。

〔2〕 全球治理理念的成果之一即在治理模式中引入利益攸关者，即国家及政府间组织以外的利益相关人，包括非政府间组织、国际市民社会及投资经营者等，旨在建立政府和利益攸关方的新型合作关系，突出企业、非政府组织和国际社会的作用。See Michael P. Vandenbergh, “The New Wal-Mart Effect: The Role of Private Contacting in Global Governance”, *UCLA Law Review* 54, April 2007, pp. 913 – 970.

义在于以下几个方面。其一,实现国内法之目的。如果一国的国内法规则不能在域外适用,则可能无法实现其规则制定的初衷。可以说,属人原则能够从行为主体的角度为数据域外管辖权提供合法性理据,而效果原则可以从宗旨目标的角度达成规则的应然指向。其二,为数据处理者或者控制者提供行为标准。在属人原则或效果原则下,数据处理者或者控制者可以合理预期其行为应遵守的规则,因为他们已提前被告知。因此,无论在任何国家或地区,他们不仅须遵守当地法律,也同样受他国管辖。而这种实施域外管辖的国家往往提出较高的行为标准,从而要求大型互联网企业以较高的标准利用数据,保护数据主体权利。

(三)管辖权冲突与协调

上述各种管辖原则从不同方面描述了国家与被管理者间的联系,但并未限制只能由一个国家进行管理。事实上,针对同一人、财产及行为,可能出现并行管辖的情况,尤其在数据跨境流动领域,相关国家都可以依据属地、属人或效果原则主张数据主权,即使是属地优先,也可能因为数据处理行为的跨地域性而被多个国家同时主张管辖。虽然各国致力于签署双边或多边条约解决冲突,但国际条约的签署是一个漫长的过程,且其内容也无法穷尽所有情形。因此,一些国家开始采取单边主义进路解决数据治理问题。

当然,单边主义进路由于缺乏双方的合意,过度地适用会造成国家间的矛盾。例如,CLOUD 法案借着保护美国境内数据向境外流动安全的名义,扩大美国法律的适用范围,以美国获取域外数据为原则,以限制美国获取域外数据为例外。CLOUD 法案规定仅有 3 类情况可以限制美国获取域外数据，但如果外国想要获取美国数据则需满足 11 项条件，此外，外国想要调取美国的数据在对象上也有严格的限制。而且，无论是限制美国获取域外数据，还是限制域外获取美国数据，CLOUD 法案都授予了美国极大的自由裁量权。〔1〕这种缺乏国际协作的制定安排一方面将美国政府的数据使用权延伸到其他国家，既能降低政府部门的执法成本又能提高执法效率；另一方面抑制了他国数据主权的合理行使，其他国家想要调取从属于美国的数据控制者持有的本国数据还必须“仰美国鼻息”，既要本国个人数据保护水平达到美国法律规定的水平，也要给予美国政府对等待遇，而且美国还可以随时停止他国调取本国数据的权限。〔2〕有学者指出，国内法的域外适用会造成不同国家政策与法律间的冲突，在现有的国内法与国际法无法解决时，应通过协商或谈判的方式解决。如果一国政府为追求自身利益诉诸本国法，在本国法庭上解决冲突，那么，这并不是在适用法律原则，而是披着法律的外衣在适用以经济实力为导向的原则。〔3〕可以说，单边主义的过度适用源于扩大地适用了属地原则的扩张性解释、属人原则与效果原则。过分背离严格的属地原则危害极大，主要表现在以下几个方面。其一，侵害其他国家主权，影响

〔1〕参见张晓君：《数据主权规则建设的模式与借鉴——兼论中国数据主权的规则构建》，载《现代法学》2020 年第 6 期。

〔2〕参见洪延青：《美国快速通过 CLOUD 法案　明确数据主权战略》，载《中国信息安全》2018 年第 4 期。

〔3〕See Standford J. S., “Application of the Sherman Act to Conduct Outside the United States: A View from Abroad”, *Cornell International Law Journal* 1, Winter 1978, p. 195.

他国的立法选择,可能招致他国的不满和报复,[1]因此,有学者将美国的做法称为“长臂管辖”、“法律霸权主义”或“扬基式的沙文主义管辖”。[2] 其二,造成“民主赤字”,依据法理,管理规则的适用必须得到被管理者的同意,但在效果原则中,外国当事人并没有制定和修改规则的发言权。其三,违背国际礼让原则,破坏国家合作和全球治理的宗旨与目标。其四,造成管辖门槛过低。实践中,将会有大量的、与一个国家没有实质性联系的行为被纳入其管辖范围内,造成管理上的混乱与不便。

因此,需要指出的是,以严格的属地原则作为参照,属人原则及效果原则是管辖权理论中的一种例外,它的管辖效力需要受到限制。世界上绝大多数国家的观点是,与国籍所属国权威相比,行为地当局的权威显然更加有力,当属人原则赋予一国对其在外的国民行使管辖权时,不得干预另一国的合法事务。[3] 而效果原则作为属地原则的扩张,国际社会一直主张其适用应受到“一定的限制”。国际社会对这种“限制”的需求,使得“合理原则”(the rule of reason)应运而生。合理原则首先产生于判例中,以约束过度适用的效果原则。在 1976 年 Timberlane 案中,Choy 法官对效果原则作出限制性解释:效果管辖本身是不完善的,其未

---

[1] See Austen Parrish, “The Effects Test: Extraterritoriality's Fifth Business”, *Vanderbilt Law Review* 61, October 2008, pp. 1455 – 1506.

[2] See Mark P. Gibney, “The Extraterritorial Application of U. S. Law: The Perversion of Democratic Governance, the Reversal of Institutional Roles, and the Imperative of Establishing Normative Principles”, *Boston College International and Comparative Law Review* 19, Summer 1996, pp. 297 – 322.

[3] See Statements of Principles, United Kingdom Aide-Memoire of 20 October 1969 to Commission of the European Communities.

考虑其他国家的利益及行为人与本国的密切联系程度。[1]《重述》对效果管辖进行重申,并将其归为属地管辖,与此同时,还通过第 403 条肯定了合理原则。[2] 至此,合理原则不仅成为限制效果管辖的规则,更成为平衡国家利益,确定管辖权合理、合法、有效的重要原则。《重述》指出,依据属地原则、属人原则和效果原则,美国有制定和执行法律的管辖权。但如果不符合合理原则,即使存在一个或多个管辖依据,美国仍不能行使该管辖权。

关于是否合理的判断,《重述》列举了八个方面的考量因素。其一,该行为与本国地域有关,即行为发生在本国领域内,抑或在本国领域内产生了实质性的(substantial)、直接的(direct)和可预见的(foreseeable)影响程度。其二,行为主要负责人或受保护人与本国的联系,如国籍、住所或经济活动等。其三,被管辖行为的性质、该行为对本国的重要性、其他国家干预该行为的程度、此等干预目标的国际普遍接受度。其四,可能因此种干预而受到保护或损害的合理预期的存在。其五,该规范对国际的影响。其六,该规范与国际体制传统的一致度。其七,其他国家干预该行为时可能具有的利益程度。其八,与其他国家规范发生冲突的可能性。[3] 根据规定,不难发现合理原则是多方利益平衡的结果,其中第一、第二项考虑的是国家与被管辖行为间联系的密切度;第三项是对被

---

〔1〕 Timberlane Lumber Co. v. Bank Of America. 4C. I. T. 263; 553 F. Supp. 1050, 1982 ct.

〔2〕 See Rest. 3rd, Restatement of the Foreign Relations of the United States, §403, 1987.

〔3〕 See Rest. 3d, Restatement of the Foreign Relations Law of the United States, §403(2)(a)-(h) (1987).

管辖行为的一种综合性考量;第四、第五、第六项是对本国法的分析;而第七、第八项则是针对他国利益平衡的考量。虽然在判断一国管辖权是否合理时,上述列举并不能穷尽所有角度,不排除可将一些未列举的因素纳入衡量的范围内。总之,《重述》第403条强调了任何实际运用的管辖权都须受到合理原则的约束,而不论是否存在管辖权冲突。[1] 合理原则为立法、执法和司法,尤其为行政机构的管理活动提供了行为的基本框架。[2] 而对于数据领域,到底何种程度的域外管辖被认为是"合理"的?其实施效果又如何?是本研究接下来讨论的重要内容。

## 三、数据域外管辖的各国立法实践及实施效果

### (一)各国立法实践

欧盟于1995年发布的《数据保护指令》第4条为地域范围条款,通过第4(1)a条"经营场所标准"和第4(1)c条"设备使用标准",明确哪些行为将落入《数据保护指令》管辖范围。GDPR在《数据保护指令》所遵循的传统属地原则之上进行发展,在地域范围条款上,二者存在明显

〔1〕 See Oliver C. T., Henkin L., Lowenfeld A. F., et al., "The Draft Restatement of the Foreign Relations Law of the United States (Revised)", *The American Society of International Law*, 1982, pp. 184 -205.

〔2〕 只有在执行法律时,人们才会关心法律的域外效力,同时,也只有在此时,人们才会关注效力的克制问题。See A. Bianchi, "Extraterritoriality and Export Controls: Some Remarks on the Alleged Antimony between European and U. S. Approaches", *German Yearbook of International Law* 35, pp. 366 -434.

的内部继承关系。其中，因“设备使用标准”的适用存在模糊性，[1]且并不要求数据控制者处理的数据与成员国具有合理联系，存在不当扩大国内法适用的风险。因此，GDPR 未保留这一标准，而采用“目标意图标准”予以替代。《数据保护指令》中的“经营场所标准”得以保留，并由 GDPR 进一步细化。GDPR 第 3 条的“设立机构标准”和“目标意图标准”明确了地域管辖范围。根据“设立机构标准”，在欧盟境内设立营业机构的数据控制者在其设立的机构开展业务的背景下进行的数据处理行为受法律约束。根据“目标意图标准”，没有在欧盟境内设立营业机构的数据控制者在为欧盟境内数据主体提供商品、服务时处理其个人数据的行为或为监控欧盟境内数据主体境内行为而处理其个人数据的行为被纳入法律适用范围。GDPR 在《数据保护指令》基础之上发展“设立机构标准”，明确规定将在欧盟境内设立营业机构的数据控制者在境外的数据处理行为也纳入法律规制范围，用“目标意图标准”取代了原有的“利用设备标准”，扩大了地域适用范围，进一步强化了域内数据保护标准的国际化。

美国国会通过的 CLOUD 法案改变了《存储通信法案》中的数据存储地标准，确立了数据控制者标准，以解决数据存储地不断变动和数据碎片化存储的问题。该法案规定，无论数据位于何地，电子通信服务或远程计算服务提供商有义务保存、备份或披露有线或电子通信的内容以

[1] 《数据保护指令》对“设备”一词采取广义解释，其他语言版本中甚至将其翻译为工具。参见[英]克里斯托弗·米勒德编著：《云计算法律》，陈媛媛译，法律出版社 2018 年版，第 331 页。

及该提供商拥有、保管或控制的与客户或用户有关的任何记录或其他信息,这些由在美国的通信服务提供商所拥有、监管或控制的数据,无论是否位于美国境内,美国都要对其进行监管或控制。数据控制者对海外数据的强制披露义务,仅在涉嫌危害美国国家安全的犯罪、严重的刑事犯罪等重大案件时才可适用。该法案规定只有在数据主体为"美国人"的情况下才对个人数据的控制者行使域外管辖权。该法案第105(a)条将"美国人"定义为合法的美国公民与国民及作为美国合法的永久居民的外国人,还包括非法人的商业协会,其中有主要成员是美国公民与国民或作为美国合法的永久居民的外国人和在美国注册成立的公司。[1] 该法案还规定了涉案服务商可以对管辖提出抗辩的三种特殊情形:一是数据主体没有美国国籍且未居住在美国;二是数据披露义务会导致涉案服务商违反与"适格外国政府"相关的法律规定;三是在综合考虑个案前提下,依据公平正义理念应当撤销或修改该执法程序。[2]

德国是首个将GDPR转化为国内法的欧盟成员国。在《联邦数据保护法案》第一节目的和范围部分,区分了公共机构和私人机构,对于公共机构,其处理行为基于属地原则受到约束。对于私人机构,数据控制者或处理者在德国境内或者在德国设立机构背景下实施的处理行为要受到约束。此外,受GDPR管辖的境外机构同样要受到该法的约束。[3] 因此,德国在域外效力制度上与GDPR保持了一致。2018年8月巴西出

---

〔1〕 参见杨永红:《美国域外数据管辖权研究》,载《法商研究》2022年第2期。

〔2〕 参见洪延青:《美国快速通过CLOUD法案明确数据主权战略》,载《中国信息安全》2018年第4期。

〔3〕 See The German. Federal Data Protection Act, Part Ⅰ, Chapter 1, Section 1.

台的《通用数据保护法》借鉴 GDPR 域外效力的规定,将为巴西境内数据主体提供商品、服务或处理其个人数据为目的的行为纳入规制范围。此外,还增加了"所处理的个人数据是在巴西境内收集的"这一情形。[1] 2019 年 12 月印度提交国会审议的《个人数据保护法令》,第 2 条赋予规则域外效力。在适用情形上,其基本沿用 GDPR 模式,将任何与印度有业务联系,向印度境内数据主体提供商品或服务的系统性活动和实施用户画像的境外企业纳入规制范围,[2] 在具体表述上,印度摒弃 GDPR 中的"背景"(in the context of)概念,而采用"联系"(in connection with),使其在法律适用上更加明确。[3]

### (二)实施效果

#### 1. GDPR 域外效力实践

##### (1)谷歌案中的域外管辖权与法律价值冲突

谷歌西班牙案充分体现出从《数据保护指令》到 GDPR,欧盟数据域外管辖具有一脉相承的特点。虽然欧盟通过相关规则确立并进一步扩张数据域外管辖权范围,但考虑到不同法域之间法律价值冲突的可能,欧盟在对相关个人数据权利的执行中作出了一定程度的妥协。

谷歌西班牙案[4]是欧盟对域外个人数据处理行为确立管辖权的司

---

〔1〕 See The Brazilian. General Data Protection Law, Article 3.

〔2〕 See The India. The Personal Data Protection Bill, 2019, Chapter Ⅰ, 2, Application of Act to processing of personal data.

〔3〕 参见张哲、齐爱民:《论我国个人信息保护法域外效力制度的构建》,载《重庆大学学报(社会科学版)》2022 年第 5 期。

〔4〕 Google Spain SL, Google Inc v. Agencia Española de Protección de Datos, Mario Costeja González (Case C-131/12).

法实践。2010 年,西班牙公民冈萨雷斯向西班牙数据保护监管局(AEPD)投诉《先锋报》以及谷歌西班牙分部和谷歌总部公司,称使用谷歌搜索引擎检索自己姓名时,会出现多年前《先锋报》有关他的两篇报道,内容为 1998 年他因税务问题而被强制拍卖房屋的公告。冈萨雷斯以强制拍卖已过去多年、信息早已失效为由请求 AEPD 命令《先锋报》删除相关报道,同时谷歌西班牙分部和谷歌总部公司删除与此事件相关的检索结果。本案中,谷歌美国公司在西班牙有办事处,负责推广和销售在线广告,谷歌美国负责提供搜索引擎服务。因此,欧盟法院认定谷歌西班牙分部符合《数据保护指令》第 4 条的"经营场所标准",从而落入欧盟管辖范围。谷歌公司辩称本案所涉数据业务是在欧盟境外(谷歌美国总部)开展的,谷歌西班牙分部未参与相关数据处理活动。欧盟法院认为谷歌美国总部的搜索引擎服务与西班牙分部的销售广告活动有"无法割裂的联系"(inextricable link),基于"经营场所"这一连接因素(nexus),《数据保护指令》适用于欧盟境外的数据处理行为。[1]

有趣的是,虽然《数据保护指令》与 GDPR 都在立法层面确立了数据域外管辖规则,但欧盟真正实施域外管辖权的案例并不多,谷歌西班牙案中体现出欧盟在域外效力的实施中保持相对谨慎的态度。

由于谷歌西班牙案涉及"被遗忘权"的执行范围,而这一问题在裁决中并未明确,因此谷歌公司仅将搜索结果的调整限制在欧盟范围内,删除欧盟版本搜索引擎的链接,切换到任何其他非欧洲经济区的域名扩展

---

〔1〕 参见杨开湘:《"被遗忘权"的司法确立——重探谷歌数据隐私案》,载《经济法论丛》2018 年第 1 期。

下仍可以得到搜索结果。[1] 由于谷歌西班牙案的裁决意见中没有明确"被遗忘权"的执行范围,谷歌西班牙案以后,谷歌公司便采用基于域名的执行方案,仅删除欧盟版本搜索引擎的链接。虽然某些搜索结果可能已经从 google. es 或 google. be 中删除,但只要切换到 google. com 或任何其他非欧洲经济区的域名扩展(如 google. ca),用户仍然可以获得这些搜索结果。对此,法国国家信息与自由委员会认为谷歌公司未能充分保护数据主体的"被遗忘权",与保障个人数据权利的立法宗旨相违背,进而将此案提交欧盟法院。[2] 在谷歌法国案中,欧盟法院再次通过"设立机构标准"明确 GDPR 对美国谷歌公司的管辖权,并进一步分析由于不同区域的谷歌搜索引擎之间存在网关,因此,不同区域实际在数据处理行为上具有相对独立性。同时考虑到各方对个人数据权利及言论自由之间的利益冲突上的不同偏好,为避免引起冲突,欧盟法院认定谷歌公司不必在欧洲以外范围执行"被遗忘权"[3],只需删除欧盟版本网站的搜索结果。[4]

可以看出,无论是《数据保护指令》的"经营场所标准"还是 GDPR 的"设立机构标准",在谷歌案中都体现了欧盟规则的域外效力。但涉及

---

〔1〕 See Brendan Van Alsenoy and Marieke Koekkoek, "Internet and Jurisdiction after Google Spain: the Extraterritorial Reach of the Right to Be Delisted", *International Data Privacy Law* 2, 2015, pp. 105 – 120.

〔2〕 该案全称为 Google LLC, successor in law to Google Inc. v. Commission nationale de l'informatique et des libertés(CNIL),案号:C – 507/17,判决发布时间:2019 年 9 月 24 日。

〔3〕 参见欧盟法院案例 Case C 507/17 判决书的第 60 ~ 61 段以及第 73 段。

〔4〕 参见俞胜杰、林燕萍:《〈通用数据保护条例〉域外效力的规制逻辑、实践反思与立法启示》,载《重庆社会科学》2020 年第 6 期。

域外执行效力,特别是涉及“被遗忘权”,使欧盟法院更为谨慎地有意限制实际效果的外溢。“被遗忘权”是隐私、自由、安全和效益等多元法律价值权衡的结果,由于不同法域的价值偏好差异,是否能被域外执行受到各类市场主体以及法律界人士的激烈讨论。谷歌公司的全球隐私顾问彼得·弗莱彻(Peter Fleischer)曾于2016年撰文,认为在全球范围内执行“被遗忘权”是一种激进做法。[1] 对此,在谷歌案中,《数据保护指令》及GDPR仅为欧盟提供数据域外管辖的正当性基础,而执法管辖权上体现出数据主权的谦抑性。

(2)GDPR域外执法第一案——Aggregate IQ案

2018年10月,英国数据保护监管机构信息专员办公室(ICO)向Aggregate IQ数据服务有限公司发出执行通知,开启GDPR域外执法第一案。Aggregate IQ是一家加拿大公司,ICO认为Aggregate IQ涉嫌处理欧盟公民数据用于英国脱欧公投的民意分析。根据“目标指向标准”,Aggregate IQ对数据主体发生在欧盟境内的行为进行监控,落入GDPR的管辖范围。[2] 据此,ICO要求Aggregate IQ删除与英国公民相关的个人数据,若其不履行义务,将被执行高额罚款。本案中,虽然Aggregate IQ认为数据处理行为发生在GDPR生效之前,ICO无执法管辖权,但迫于ICO及加拿大隐私监管机构施加的压力,最终删除了涉案相关数据。

---

〔1〕 https://blog. google/topics/google-europe/reflecting-right-be-forgotten/, 2022年10月7日最后访问。

〔2〕 See First GDPR Enforcement Action Is Against A Canadian Data Controller, https://www. stevensbolton. com/site/insights/articles/first-gdpr-enforcement-action-against-canadian-data-controller, July 24, 2022.

2. CLOUD 法案域外效力实践

在 CLOUD 法案出台前，美国对于数据监管的规定主要来自《存储通信法案》，该法案并未规定取证机关拥有要求服务商提交其存储在境外数据的权力。因此，美国政府只有通过双边协定、警务合作等途径获取存储在他国境内的数据，上述途径程序冗长且具有不确定性，其实施效果也需要他国相关部门的配合。为解决微软公司诉美国案（Microsoft Corp. v. United States）所涉获取境外数据难的问题。2018 年，美国通过 CLOUD 法案，确立了美国海外数据管辖的“数据控制者标准”模式，[1] 借此开拓“数字边疆”。[2] CLOUD 法案除赋予美国有关部门调取境外数据的权力之外，还授权美国政府与其认可的“适格外国政府”签署双边协议，提供美国公司存储在美国的非美国人数据。对于“适格外国政府”的考察主要涉及外国政府是否具备完善的数据利用实体和程序规则。具体而言，主要有以下几个考量因素。第一，是否加入《布达佩斯网络犯罪公约》或其国内法是否与该公约第一章、第二章规定相一致；第二，是否有针对数据收集、使用等活动的实体及程序性立法，隐私权与公民自由的保障程度如何；第三，是否遵守相关国际人权义务，如禁止任意逮捕和监禁、保护隐私不受侵犯和非法干涉以及保护言论自由等。[3] 一方面，CLOUD 法案以美国获取域外数据为原则，将数据管辖权延伸至他

---

〔1〕 参见周梦迪：《美国 CLOUD 法案：全球数据管辖新“铁幕”》，载《国际经济法学刊》2021 年第 1 期。

〔2〕 参见杨剑：《开拓数字边疆：美国网络帝国主义的形成》，载《国际观察》2012 年第 2 期。

〔3〕 See “H. R. 4943 – CLOUD Act”, https://www.congress.gov/bill/115th-congress/house-bill/4943/text, March 4, 2022.

国,降低执法成本,提高效率;另一方面,他国若要调取从属美国的数据则需要遵守更为严苛的标准,且美国政府在"适格外国政府"的判断上有较大的自由裁量权。因此,CLOUD 法案表面看似存在互惠基础,实则双方在实践中获取数据的条件并不对等,美国在进一步强化数据流通控制力的同时,也引发了新一轮的数据管辖权全球博弈。

为应对单边主义攻势,维护网络主权独立,保障国家安全及本国公民隐私,受影响国家相继制定数据保护立法,规制手段主要有以下两种模式。一是强数据本地化模式。即数据必须在境内服务器上存储,跨境传输需遵循严格要求。这一模式的代表为俄罗斯。俄罗斯于 2015 年 9 月起实施新的《个人数据保护法》,规定任何处理俄罗斯公民的个人数据(包括记录、系统化、积累、存储、更新、更改或检索个人数据),都必须在俄罗斯境内进行。而对于需要境外传输的数据,也要求必须在俄罗斯的数据库中进行初始收集或更新。[1] 二是弱本地化模式。即限制数据本地化范围于重要领域(如国家安全、金融等)或对数据跨境传输设置一般的条件。[2] 欧盟模式相较于前两种模式更为特殊,其在接近强数据本地

〔1〕 See "Russian Regulator Publishes Data Localization Clarifications One Month Before Sept. 1 Effective Date, Plus Other Developments", https://www.hldataprotection.com/2015/08/ar-ticles/international-eu-privacy/russian-regulator-publishes-data-localization-clarifications/, March 5, 2022.

〔2〕 这一模式的代表是澳大利亚。澳大利亚 2012 年颁布的《我的健康纪录法》(My Health Records Act 2012)第 77 节规定,系统操作者、注册存储操作者、注册门户运营商或注册合同服务提供商,在为"我的健康记录"系统保存记录(无论记录是否也用于其他目的),或具有访问权限有关此类记录的信息时,不得将健康记录存储或传输至澳大利亚外。"Australian My Health Records Act 2012", https://www.legislation.gov.au/Details/C2017C00313, March 6, 2022.

化模式的基础上,在制度构建上保持了内外一致性,力图让“欧盟标准”成为“国际标准”。值得注意的是,CLOUD 法案的出台引发了激烈讨论,也迫使相关国家启动与美国的双边谈判。2019 年 10 月 3 日,美国与英国就执法部门跨境调取数据正式达成双边协助协议,该协议成为美国后续与其他国家达成协议的范本。2021 年 12 月 15 日,美国与澳大利亚签订了旨在防止严重犯罪、恐怖主义、勒索软件攻击、关键基础设施破坏、儿童性虐待等内容的双边协助协议。除英国、澳大利亚之外,美国还正与加拿大、欧盟等国家或地区进行相关协助协议的商谈。

## 四、数据治理规则域外适用边界

尽管国家进行数据治理规则域外效力立法并未被现行国际法明确禁止且有着理论支撑,但并不意味所有的域外管辖皆具备合法性,关键在于考察国内法域外适用的限度。域外效力立法通常会触及他国管辖和主权利益,鲜有国家会主动让渡本国主权而让他国法律在本国境内发生效力。基于网络空间共治的基本理念,数据治理规则需有合理的域外适用边界,限制本国国内法的域外效力以避免冲突是维持各国主权权力空间的应有之义,[1]划定合理的数据治理规则域外适用边界可以考虑以下几个因素。

---

〔1〕 See Harold G. Maier, “Extraterritorial Jurisdiction at a Crossroads, an Intersection Between Public and Private International Law”, *The American Journal of International Law* 76, 1982, p. 281.

首先,数据域外管辖应尊重他国数据规则。在当前全球数据治理实践中,一国划定的数据管辖范围与他国的域外管辖规则已经出现交叉甚至冲突的趋势。不难发现,一国在数据领域主张域外管辖权极易与数据控制者或数据机构所在国的"属地管辖"或"属人管辖"发生冲突,双方或多方管辖重叠的案例屡见不鲜,不同主体主张双重秩序的混合范式时有发生。例如,在上述谷歌案中,从西班牙谷歌案到法国谷歌案,双方争议始终聚焦于"被遗忘权"的执行范围上。欧盟法院通过"经营场所标准"及"设立机构标准"将欧盟境外数据控制者或者处理者的数据处理行为纳入管辖,将不可避免地导致欧盟境外的法律价值与欧盟内部的个人数据权在不同法域间产生"正面交锋"。"被遗忘权"是多方利益平衡的产物,欧盟是通过强调个人对其数据的控制权来实现相关法益的。因此,在欧盟境外执行该权利,将激发不同法域间的价值冲突。面对同样的法益,不同国家会选择不同的保护路径。如在更偏好言论自由价值之保障的地域执行"被遗忘权",则可能会引发域外效力冲突,减损他国数据主权。因此,欧盟在个人数据权利的域外执行中,创设性地将对境外企业的执行范围限定在欧盟境内,以尊重其他国家法律价值取向之差异。在谷歌案的域外执行问题上,欧盟虽作出一定妥协,但仍为其今后规则的域外可执行性留有余地。欧盟法院在判决第 72 段阐明,现行欧盟法并未禁止搜索引擎运营商根据命令在全球范围内删除链接。因此,成员国仍有权依据本国数据权利保护标准,在特定情形下要求搜索引擎运营商在所有搜索引擎版本中删除相关链接。[1]

其次,域外管辖的有效执行有赖于国际间的执法合作。域外效力作为"立法者的美梦和法官的梦魇",[2]其效果的实现取决于能否顺利执行,[3]随着数据领域立法管辖权越发宽泛,行使执法管辖权的难度越发增加。[4] 在数据保护领域,未经他国允许,在他国实施的所有旨在遵守本国法律的执法措施,无论是查询相关信息、对其进行处理,还是对有关设备、物品进行扣押等,均有违国际法。[5] 为了避免域外管辖中的"执法困境",GDPR 特别设立了"代表制度"以增强域外效力。GDPR 第 27 条第 1 款规定,未在欧盟设立经营场所的数据控制者或处理者应该以书面形式指定一名在欧盟的代表。可见,GDPR 希冀"代表制度"能够在一定程度上解决域外执行效力问题。然而在"目标意图标准"下,"代表制度"存在适用困境,从 Aggregate IQ 案中可以看出,双边执法的合作意愿成为欧盟域外效力实现的重要基础。本案中,ICO 积极与加拿大当局配合,共享互通信息,并通过加拿大数据执法机构向企业施压,最终令企业纠正违法数据处理行为。除了英国和加拿大历史渊源深厚且法律传统

[1] 参见俞胜杰、林燕萍:《〈通用数据保护条例〉域外效力的规制逻辑、实践反思与立法启示》,载《重庆社会科学》2020 年第 6 期。

[2] See Dan Jerker B. Svantesson, "Extraterritoriality and Targeting in EU Data Privacy Law: the Weak Spot Undermining the Regulation", *International Data Privacy Law* 5, 2015, p. 231.

[3] See Dan Jerker B. Svanteson, "Extrateritoriality and Targeting in EU Data Privacy Law: the Weak Spot Undermining the Regulation", *International Data Privacy Law* 5, 2015, p. 233.

[4] See Christopher Kuner, "Data Protection Law and International Jurisdiction on the Internet", *International Journal of Law and Information Technology* 3, 2010, pp. 227 – 247.

[5] 参见陈咏梅、伍聪聪:《欧盟〈通用数据保护条例〉域外适用条件之解构》,载《德国研究》2022 年第 2 期。

和理念较为相似外，本案的另一个重要因素在于 Aggregate IQ 的数据处理行为依据加拿大的《个人信息保护和电子文档法》(PIPEDA)同属违法。因此，加拿大隐私监管机构积极对 Aggregate IQ 的个人数据滥用行为进行调查，并在后续执法行动中对脱欧集团有限公司(Leave. EU Group Limited)、投票脱欧有限公司(Vote Leave Limited)的数据违规行为罚款。[1]

再次，域外管辖的管辖事项应与本法域存在"合理联系"。根据布朗利的观点，国家进行域外管辖的事项应和管辖权存在真实有效的联系。[2] 然而，"合理联系"存在判断上的模糊性，且在此原则基础上存在多种管辖连接因素，以及连接因素之间高低位阶规则缺位的情形，导致域外效力秩序的混乱。现如今各国数据治理规则对于域外管辖事项与本法域之间的联系所作的规定可划分为两种类型：一种类型是以在本国设立机构或存储数据为管辖权连接因素。例如，非欧盟实体在欧盟内设立了机构，无论数据处理行为是否发生在欧盟内，国家都有理由为保护本国数据而进行域外管辖，此种联系与以数据主权发展属地原则的理论相符。另一种类型是境外数据控制者处理数据行为和本国数据主体不存在直接联系，通过某些影响效果而确立连接点。例如，欧盟将"效果原则"作为"目标意图标准"的理论依据，以欧盟个人数据为连接点，无论数据主体位于欧盟境内还是境外，只要"处理"、"提供商品或服务"或"监

〔1〕 许可：《欧盟〈一般数据保护条例〉的周年回顾与反思》，载《电子知识产权》2019 年第 6 期。

〔2〕 [英]伊恩·布朗利：《国际公法原理》，曾令良、余敏友等译，法律出版社 2003 年版，第 333 页。

测"的为"在欧盟境内"数据主体的个人数据即受欧盟法约束。有学者指出,将"效果原则"作为数据管辖权依据过于虚无缥缈,由于数据的流动性与无形性,所有国家对数据活动都存在或多或少的联系,各国如果按照这一原则进行立法,管辖权冲突将非常频繁。[1] 再如,美国 CLOUD 法案基于数据服务商为美国企业这一连接点,超越属地管辖(数据不在美国境内)与属人管辖(数据主体不是美国人),[2]将美国大型企业在全球数据领域的优势转变为美国对域外数据的管辖权,在上述数据行为与管辖权之间是否存在"实质且善意"的联系有待考量。因此,在数据主权空间的边界划定过程中,国家依据"合理联系"行使域外管辖权时,至少应当考量两个方面因素:一是意图行使管辖权的国家与拟管辖事件的现实状态之间具有密切关联;二是意图行使管辖权的国家对拟管辖事件有清晰的利益,且这种利益为国际法所认可。[3] 但对于何为"与现实状态的密切关联"与"为国际法所认可的清晰利益"仍需交由个案认定。[4]

最后,通过国际私法规范对跨境个人数据予以保护。目前世界各国对个人数据的权利属性尚存争议,以美国为代表的国家主张将个人数据

---

〔1〕 See Lilian Mitrou, "The General Data Protection Regulation: A Law for the Digital Age", in Tatiana Eleni Synodinou and Philippe Jougleux, eds., *EU Internet Law: Regulation and Enforcement*, Springer, 2017, p.32.

〔2〕 参见孔庆江、于华溢:《数据立法域外适用现象及中国因应策略》,载《法学杂志》2020年第8期。

〔3〕 参见曹亚伟:《国内法域外适用的冲突及应对——基于国际造法的国家本位解释》,载《河北法学》2020年第12期。

〔4〕 See Krzysztof Zalucki, "Extraterritorial Jurisdiction in International Law", *International Community Law Review* 17, 2015, pp.410-411.

视为隐私权保护,[1]而部分国家则更加倾向于对个人数据进行公法保护。[2] 我国理论界对于个人数据的权利属性亦存争议,有观点认为个人数据属于一种民事权利。在此基础上,有的学者主张将其视为隐私权、人格权,有的学者主张将其视为财产权,[3]还有学者认为数据的特征决定了将其权利化难以实现,[4]应认定其为公共物品。[5] 由于让个人来向收集、处理其个人数据的政府机构和公司主张权利是非常困难的,即使在将个人数据视为私权的法域,其个人数据保护立法也并未排除公法性质,部分国家如加拿大、美国在其个人数据保护法中对政府收集、处理个人数据的行为予以特殊规定,部分国家如英国、法国等成立了个人数据监管机构。[6] 尽管公法保护对于个人数据保护不可或缺,但综观各国个人数据保护法,偏重私权保护的规则仍然存在,如数据主体和非国家主体就数据存储、处理达成协议的权利、向非国家主体民事求偿的权利等。对于处理跨国私权保护的问题,国际私法的多边主义方法已被证明为处理法律冲突的有效途径,其更能保障涉外民事法律关系的可预见性和稳定性。

---

〔1〕 美国1974年《隐私法》以及加利福尼亚州《消费者隐私法》《儿童在线隐私法》等州法,澳大利亚1988年《隐私法》(The Privacy Act 1988),新西兰1993年《隐私法》(The Privacy Act 1993),菲律宾2012年《数据隐私法》(The Data Privacy Act 2012)。

〔2〕 俄罗斯《联邦个人数据法》(Federal Law No. 152 - FZ on Personal Data 2006)。

〔3〕 参见王利明:《论个人信息权的法律保护——以个人信息权与隐私权的界分为中心》,载《现代法学》2013年第21期;刘德良:《个人信息的财产权保护》,载《法学研究》2007年第3期。

〔4〕 参见梅夏英:《数据的法律属性及其民法定位》,载《中国社会科学》2016年第9期。

〔5〕 参见吴伟光:《大数据技术下个人数据信息私权保护论批判》,载《政治与法律》2016年第7期。

〔6〕 目前已有70多个国家和地区设立了个人信息保护机构,载法国国家信息和自由委员会网,https://www.cnil.fr/en/data-protection-around-the-world,2022年3月15日最后访问。

# 第六章　中国方案：数据主权规则的构建

## 一、数据主权规则构建之困

我国最早意识到网络安全这一概念可以追溯到1996年的《中国公用计算机互联网国际联网管理办法》，该管理办法第1条规定："为加强对中国公用计算机互联网国际联网的管理，促进国际信息交流的健康发展，根据《中华人民共和国计算机信息网络国际联网管理暂行规定》，制定本办法。"[1]随着网络空间相关的立法不断完善，直到2017年施行的《网络安全法》是我国第一部全面规范网络空间安全的基础性法律，体现了我国坚决维护数据主权和国家网络安全的立场。《网络安全法》中搭建了一个基础的数据保护框架，如第37条规定："关键信息基础设施的运营者在中华人民共和国境内运营中收集和产生的个人信息和重要数据应当在境内存储。因业务需要，确需向境外提供的，应当按照国家网

[1] 《中国公用计算机互联网国际联网管理办法》（邮部〔1996〕493号）。

信部门会同国务院有关部门制定的办法进行安全评估；法律、行政法规另有规定的，依照其规定。”近两年我国提升了个人信息保护方面的立法速度，2021 年 9 月，《数据安全法》正式实施。作为我国首部数据领域的专门法律，《数据安全法》分阶段对数据流动前端、中端和后端不同过程规定多元主体的数据安全保护义务，设立数据分级制度，建立数据安全审查和风险评估制度。2021 年 11 月，《个人信息保护法》正式实施，标志着我国个人数据保护制度已基本建立。《个人信息保护法》完善了关于个人数据的规制体系，在《网络安全法》的基础上，从网络安全和数据主权出发保护个人数据权益，规范个人数据处理活动，促进个人数据合理利用。继全国人大及其常委会多次出台相关法律后，国务院及各地方人大及其常委会也纷纷开展相关领域的立法工作，丰富了行政法规和地方性法规层面的数据治理体系。

我国虽然坚持并积极表达强烈的网络主权立场，但在诉诸数据主权的话语工具方面仍有不足。具体体现为数据主权的表达与落地上仍有不足，消极被动应对数据管辖权的域外趋势以及未在数据跨境流动中充分维护国家经济利益等。

### （一）国际规则博弈中立场不鲜明

在当前的数据国家竞争中，国家规则博弈态势日益浮现。当下中国通过的立法更多的是设立了数据安全和治理的框架、流程、工具，缺乏对数据竞争的实质性立场，进而导致经贸协定谈判中中国方案的“隐而难发”。[1]

---

〔1〕 参见洪延青：《数据竞争的美欧战略立场及中国因应——基于国内立法与经贸协定谈判双重视角》，载《国际法研究》2021 年第 6 期。

美国事实上已经将自己的企业打造成了其在网络空间国家利益的载体，其数据安全和治理方面的法律和政策工具随着美国企业走向全球，促成美国企业尽可能地掌握和控制全球数据。欧盟则沿着数字单一市场和技术主权两条主线，为欧洲企业消除了在区域内数据获取和控制的壁垒，极大地提高了外国企业在其境内运营的门槛，并通过域外管辖和数据跨境流动管控实现其数据治理秩序向境外“投射”，进而更多地掌握和控制全球数据。在世界贸易组织（WTO）电子商务规则谈判中，美国和欧盟各自均提出了符合自身利益的议题，但在电子商务谈判文本与数据跨境流动相关的条款中却没有中国提供的条文。

中国的立场与处境可以以新近签署的《区域全面经济伙伴关系协定》（RCEP）为分析样本。RCEP 第 12 章为电子商务，其第 15 条为“通过电子方式跨境传输信息”。该协定对缔约方的权利规定有两项特点。一是第 15 条注释 14 中的“就本项而言，缔约方确认实施此类合法公共政策的必要性应当由实施的缔约方决定”。换句话说，新增注释赋予了缔约方自主决定何为“合法公共政策”的权能，因此尊重了各个缔约方的规制自由。二是第 15 条第 3 款第 2 项规定“该缔约方认为对保护其基本安全利益所必需的任何措施。其他缔约方不得对此类措施提出异议”。这一条款相当于表明缔约方可以以保护基本安全利益为由作出任何必要措施，且其他缔约方不得反对。此外，RCEP 也明确该条款不受第 19 章规定的争端解决机制的管辖。可以看出，RCEP 条款最显著的特点是给各个缔约方留足了规制空间。

目前中国国家数据竞争战略和立场尚不鲜明。对于经贸业务项下的数据跨境流动,单从国内法律框架本身来看“可左可右”,因此中国负责国际经贸协定谈判的部门仅能通过在条文中留足“宽松度”,为将来战略的制定和执行开辟足够的“空间”。

(二)应对域外管辖缺乏法律支撑

1.跨境执法缺乏主动性

对于我国涉外案件中数据跨境调取的问题,在《数据安全法》中第35条仅规定了国家安全机关和公安机关在危害国家安全和刑事案件中,数据存储机构应当配合调取数据。对于其他种类的案件数据跨境调取问题,目前国内的法律规定很少,大多数仅在条文中声明境外数据存储机构有义务配合我国司法机关调取数据,但具体调取途径、方式和法律依据却很少。在刑事案件中,跨境数据的调取主要依靠2018年10月通过的《国际刑事司法协助法》。在《国际刑事司法协助法》通过后不久,公安部发布《公安机关办理刑事案件电子数据取证规则》,与前法不同的是,该规则并未提及境外调取数据,同时该规则第61条特别指出“公安部之前发布的文件与本规则不一致的,以本规则为准”,一定程度上否定了前法对于境外数据进行远程勘验的规定,足见我国电子数据取证最新的立场为防守应对域外执法,而非主动调取域外数据。

2.对域外管辖阻断力度不足

对于境外调取我国境内数据,我国历来强调应当尊重国家主权,通过司法协助方式获取。这也是我国拒绝加入《网络犯罪公约》的原因所在。因该公约第32条规定的通过互联网直接获取境外电子数据的取证方式，一直被我国视为侵犯他国主权的行为。〔1〕出于维护国家主权和安全的考虑，我国一直拒绝加入该公约，并选择在联合国层面推动形成新的网络犯罪国际条约，这也导致我国在进行域外取证时缺乏法律依据。在刑事案件跨境调取数据方面，《国际刑事司法协助法》第4条规定，非经中华人民共和国主管机关同意，中华人民共和国境内的机构、组织和个人不得向外国提供证据材料和本法规定的协助。该条规定在应对有外国司法执法机关未经我国主管机关准许要求我国境内的机构、组织和个人提供相关协助的情况时，应抵制外国"长臂管辖"的要求，但此条仅为原则性条款，在实际运用中难以实现。从中兴、Tiktok等公司因数据合规问题受到高额罚款的事件来看，我国企业目前面临许多来自域外的恶意制裁，亟须建立域外长臂管辖反制措施。〔2〕在经济纠纷方面，2021年1月9日，商务部发布并施行《阻断外国法律与措施不当域外适用办法》（以下简称《阻断办法》）。《阻断办法》共计16条，分别从立法目的、适用范围、工作机制、法律责任等方面，为我国应对外国法律与措施的不当域外适用提供了基本的制度设计。但是本法条文较少，无法完全应对态势复杂的国际经济纠纷，在实践中无法真正有效阻断外国执法机关针对我国境内数据的不合理调取。依据《个人信息保护法》规定要按照缔结或者参加的国际条约、协定，或者按照平等互惠原则，处理外国司法或者执法机构关于提供存储于境内个人信息的请求。

---

〔1〕参见洪延青：《"法律战"旋涡中的执法跨境调取数据：以美国、欧盟和中国为例》，载《环球法律论》2021年第1期。

〔2〕参见邵怿：《网络数据长臂管辖权——从"最低限度联系"标准到"全球共管"模式》，载《法商研究》2021年第6期。

目前我国主要依靠上述原则性条款和国际条约、协定的规定应对域外不当管辖,仅仅依靠协定和条约进行个人数据保护具有局限性,而依靠原则性国内法进行阻断在实际应用中又难以落地。

(三)数据主权和数字贸易的两难困境

数字技术和服务贸易已成为国际经济关系的核心要素。5G 和"物联网"等新兴技术必将进一步强化数字贸易。相较于美国与欧盟积极寻求数据跨境流动合作,数据本地化规则是俄罗斯数据规制的重点内容,旨在通过增强数据服务器的控制权来呼吁"数据主权"。

对比分析各国数据本地化政策的价值选择和具体内容,不难发现即使各国数据本地化规则存在细节差异,主要表现在数据本地化的强度不同以及监管的主要数据类型不同,但数据本地化政策不约而同地要求在本地建立数据中心或在本地服务器进行数据备份。繁杂的程序不可避免地对跨国贸易活动造成一定的现实阻碍,也给国家和企业增加了数据合规成本。我国应认识到数据流动和共享的关键作用,考量互联网的本质属性、本国跨国公司的发展、未来全球数字贸易发展中本国的地位、国内立法的进展与监管力量的配置等各种因素,平衡数据本地化的主权利益与跨境自由流动的超主权诉求,[1]对此,结合中国发展实际以及多价值因素权衡取舍,避免限制跨境数据流动的保护主义规则,通过"数据服务协议"谈判来解决数字贸易壁垒问题。如何通过开展双边或多边合作以解决有关个人数据跨境流动的管辖权和透明度,促进隐私和数据保护

---

[1] 参见李海英:《数据本地化立法与数字贸易的国际规则》,载《信息安全研究》2016 年第 9 期。

方面的国际协作,真正促进数据驱动型经济的发展,是我国在实现数据主权过程中需要进一步思考的问题。

## 二、数据主权规则构建之原则

第一,强化数据主权表达,完善数据立法。我国一直是网络主权的发起国和推动者,从网络主权到数据主权,数据主权在个人数据跨境流动领域的内容越来越丰富与明确。但是我国数据主权规则体系呈防御性特征,没有充分对接当前数据全球化趋势,对部分强权国家和发达国家的管辖主张不足以有效应对。我国需积极应对数据主权对抗态势,创新管辖权模式,提出在网络空间竞争中的利益诉求,抵制数据霸权。随着2021年11月《个人信息保护法》的出台,我国对数据主权以及个人数据隐私权的治理达到了一个新的高度,应当坚持《个人信息保护法》与《网络安全法》并行。但目前立法中仍有一些瑕疵,例如存在对外管辖范围过窄的问题。近年来,俄罗斯与欧盟先后以各种形式明确表达了自身关于"数字主权"的立场,产生了重要的示范效应。与此同时,美国为维护其数据市场优势的各种试探实际上也是基于主权国家的利益和战略目标而展开。各国数据竞争中规则博弈态势日益浮现,我国当前立法更多的是设立数据安全和治理的框架、流程、工具,缺乏对数据竞争的实质性战略需求,进而导致经贸协定谈判中中国方案的"隐而难发"。[1] 究

---

〔1〕 参见洪延青:《数据竞争的美欧战略立场及中国因应——基于国内立法与经贸协定谈判双重视角》,载《国际法研究》2021年第6期。

竟是促进“数据自由流动”还是实行严格的“数据本地化”,取决于国家的数据战略思维和治理能力。中国在平衡个人数据流动与保护的逻辑关系时,应在强化国际数据主权表达的基础上,积极融入个人数据流动的国际趋势,以法律手段平衡数据安全与数据流动的二元关系。可以参考欧美立法,注意行政执法能力的提升,提高对数据流动的监测、分析、预警和响应能力,保障关键信息数据的安全流动与全面追踪,在数据出境入境过程中进行安全监测、定期审核和风险评估,对敏感特殊信息流动进行单独分级分类立法,为数据流动建立一个安全稳定的交易环境,进而维护网络空间安全,提升数据主权实力。〔1〕

第二,积极参与全球数据治理。从国际立法层面来看,我国在国际个人数据跨境流动的规则制定上一直处于被动状态,数据治理理念输出这一正外部性未能有效释放。欧盟与美国在个人数据领域的规则演进体现了其融入全球数据治理的制度安排,也为我国勾勒了两条展现、推广网络空间命运共同体这一数据治理基本理念的路径。

首先,在区域合作中打造个人数据跨境流动规则一体化。从《关于个人数据自动化处理的个人保护公约》到 GDPR,欧盟正在加快欧洲共同体的建设并逐渐向外辐射规则体系。鉴于此,我国可以通过诸如金砖国家、亚洲基础设施投资银行、“一带一路”倡议等紧密合作机制开展跨境数据流动的区域性合作或规则谈判,建立区域内的个人数据共享新秩序。以“一带一路”为例,截至 2023 年 1 月 6 日,我国已经同 151 个国家

---

〔1〕 参见孔庆江、于华溢:《数据立法域外适用现象及中国因应策略》,载《法学杂志》2020 年第 8 期。

和32个国际组织签署200余份共建"一带一路"合作文件,各国个人数据跨境流动规制呈现多极化、冲突化态势,这大大增加了"一带一路"的合作成本,也阻碍了成员间的数字经济发展。我国作为"一带一路"倡议的发起人和中坚力量,理应肩负起协调"一带一路"个人数据跨境流动规则的责任。在规则制定上,可以先协商制定"指南""倡议"等"软法"。"软法"作为各方共识的产物,参与国在很大程度上负有道德上的义务,从而受到道德力量的约束。[1] 在实践中,"软法"或被国内立法引入或被国际社会普遍实践,在适用中不断调整以平衡各方利益,这种柔性治理规则成为国际法治的基础或起点,为未来条约的制定提供先行试错机制,降低条约制定的时间成本与协调成本。

其次,完善自由贸易协定中关于个人数据跨境流动的条款。从《隐私保护与个人数据跨境流动指南》到FTA,美国运用FTA中的数据跨境条款杠杆实现国内规则的外溢。目前,我国签订的FTA整体上或缺乏数据跨境流动条款或在电子商务章节中未创设强制性义务。因此,未来应主动塑造规制,在FTA谈判中纳入符合我国主张的跨境数据条款。例如,欧盟作为全球第三大消费市场,中国企业必然要求与欧盟之间进行数据传输,在未达到GDPR的"充分性保护"水平下,中国可以在《中欧投资协定》(Comprehensive Agreement on Investment,CAI)中纳入数据跨境流动条款以开展合作。2020年《中欧投资协定》谈判如期完成,表明中国是欧盟在国际博弈中不可忽视的力量,我国可以顺势积极推进协定

[1] 参见何志鹏、孙璐:《国际软法何以可能:一个以环境为视角的展开》,载《当代法学》2012年第1期。

框架下的数据跨境流动规则谈判。[1]

最后,作为发展中国家代表,中国应利用 WTO 平台推广数据治理主张。欧美的跨境数据流动主张建立在技术与规则的垄断之上,而多边机制为发展中国家提供与发达国家平等协商的可能,在制定国际规则和标准时也会更多地考虑发展中国家的诉求。故而借助多边平台推动相关规则的制定是中国区别于欧美的第三条路径选择。2020 年,我国大数据产业规模达到 718.7 亿元,同比增长 16%,增幅领跑全球大数据市场。[2] 中国作为数据大国有责任为发展中国家发声,推动构建公平公正的全球数据流动统一规则。在实施路径上,有学者提出,可以在 WTO 框架下推动"信息隐私总协定"的达成。但囿于 WTO 谈判的时间漫长及成本巨大,各国保护水平不一,不同阵营的持续分歧预示着多边"合意"将是一个漫长且艰难的过程。此外,也有学者指出《服务贸易总协定》(GATS)可适用于数据跨境流动,[3] 成员方在实施跨境数据流动规制措施时,应遵守其在 GATS 协议下的义务和承诺。但是,GATS 对数据跨境流动规则措施监管的前提是成员方已作出相应的承诺,且其适用范围有限,显然无法满足数字贸易飞速发展带来的规则需求。WTO 的权威性和以往工作成果都表明其在解决集体困境和规则碎片化问题上具有不可替代性,是推动全球网络协作的重要机制。为此,中国在 2016 年向

---

〔1〕 参见肖雄:《美欧〈隐私盾协议〉之无效及中国应对路径》,载《信息安全与通信保密》2021 年第 7 期。

〔2〕 参见中国互联网协会:《中国互联网发展报告(2021)》,电子工业出版社 2021 年版,第 223~225 页。

〔3〕 See Burri M., "The World Trade Organization as an Actor in Global Internet Governance", SSRN Scholarly Paper. No. ID 2792219, 2016.

世界贸易组织总理事会提交了“中国关于电子商务议题的提案”，为国际规则制定提供蓝本，开启全球进程。同样，2020 年 9 月中国发起的《全球数据安全倡议》也可以在 WTO 机制下进一步发挥作用。例如，推进“网络安全例外”纳入 WTO 规则体系，以改变现有规则体系下发展中国家难以援引网络安全作为数据流动限制措施的形势。[1]

## 三、数据主权规则构建之策

个人数据从自由流动到限制是一个渐变的光谱，在数据入境和出境的场景下，不同的数据主权立场源于国家对数据活动所引发的正负外部性的权衡取舍与摇摆变化。对此，结合中国发展实际以及多价值因素权衡取舍，借鉴美国平衡个人利益与商业利益的规制模式，吸纳欧盟强调保护个人数据权的价值取向，分析俄罗斯强制性的数据监管目标，积极应对数据立法域外效力的扩张趋势，提出中国数据主权构建的应有之策。

### （一）构建以利益平衡为目的的回应型治理模式

20 世纪 60 年代，以塞尔兹尼克为代表的伯克利学派运用“伯克利观察法”提出了压制型法、自治型法和回应型法三种法律类型。[2] 当前，对个人数据的治理主要通过“个人控制”模式来实现，即用户收到通知并

---

〔1〕 参见刘维：《跨境数据流动监管措施在 GATS 下的合规性分析》，载《理论月刊》2018 年第 3 期。

〔2〕 参见李晗：《回应社会，法律变革的飞跃：从压制迈向回应——评〈转变中的法律与社会：迈向回应型法〉》，载《政法论坛》2018 年第 2 期。

同意后,数据控制者才可收集使用用户数据,这种“告知同意”的模式实际上是用户资讯自决权的体现。[1] 这种治理模式的缘由有二:一是欧盟基于个人尊严的个人数据保护理论,二是美国基于个人自由的信息自由流动理论,二者都属于个人自治的范畴,是自治型法的体现。[2] 但欧盟和美国的个人数据治理模式都难以在正负外部性的交互作用下取得平衡,个人自治模式过于依赖数据主体的自决而忽视了数据主体的有限理性,既阻碍了个人数据价值的高效利用又无法充分保障数据安全。鉴于欧美治理经验,我国在构建回应型治理模式时应将个人数据跨境流动引发的正负外部性视为互有约束性的变量因素,以实现利益平衡为目标。具体而言,首先,应以消除国家安全威胁的负外部性为优先考量。纵观欧美立法历史与现状,二者在保障国家安全方面具有高度一致性。即便是强调网络开放和数据自由流动的美国也设置了“国家安全例外”条款。其次,在具体规则设计上应以利益平衡为基础,处理好数据治理理念输出、分享经济实现的正外部性与个人隐私权侵犯、加重数据出境合规负担的负外部性之间此消彼长的关系,在激发正外部性的同时抑制负部性溢出。同时回应型治理模式还强调多元主体共治,治理主体不再局限于政府,还包括与个人数据传输活动有关的个人、企业和组织等。采取回应型治理模式有利于弥补自治型法的形式主义和空泛性等缺陷,用更灵活、包容的治理方式平衡多元主体利益。

---

〔1〕 参见周佳念:《信息技术的发展与隐私权的保护》,载《法商研究》2003 年第 1 期。

〔2〕 参见郭春镇、马磊:《大数据时代个人信息问题的回应型治理》,载《法制与社会发展》2020 年第 2 期。

### (二)实施数据分级管理

如要做好分级管理,就应当控制好数据,就需要对数据类别进行界定。当前我国主要把数据分为核心数据、重要数据和非重要数据,可以根据数据价值分级把控,尤其对于核心数据,应当交由国家完全控制,禁止此类数据出境。而根据《数据安全法》第11条规定,"国家积极开展数据安全治理、数据开发利用等领域的国际交流与合作,参与数据安全相关国际规则和标准的制定,促进数据跨境安全、自由流动"的原则,对于其他非重要数据,如商业跨境数据,应当促进其跨境流通,那么对于企业的跨境数据,也应当完善跨境合规要求。如大企业可以设立数据保护代表,可以建立相关部门来对数据的合规问题进行处理。除此之外,中小规模企业应当完善自身合规要求,提高行政管理能力,完善自身运行机制。

### (三)强化阻断机制

#### 1. 对数据管辖标准的再思考

数据管辖权扩张已成为数据治理的国际趋势,然而与美国、欧盟的扩张模式不同,我国一贯遵循不干涉他国内政原则。因此,为维护数据流动中的个人与公共利益,最为有效的方法便是对网络空间的"域外"与"域内"再解读,力求将域外管辖"域内化"。[1] 具体来说,我国《个人信息保护法》第3条第1款以属地原则为基础,确定了规则的地域效力。同时,为顺应管辖权扩张的国际趋势,辅以适度的域外管辖。其中第3

[1] 参见邵怿:《网络数据长臂管辖权——从"最低限度联系"标准到"全球共管"模式》,载《法商研究》2021年第6期。

条第2款规定了域外管辖的三种情形:一是以向境内自然人提供产品或者服务为目的;二是分析、评估境内自然人的行为;三是法律、行政法规规定的其他情形。该条文与GDPR的"目标意图标准"类似,以是否涉及境内自然人的个人信息为原则确定域外管辖范围。为与域外管辖相呼应,《个人信息保护法》第53条进一步要求境外的个人信息处理者在境内设立专门机构或者指定代表,但未规定相应的法律责任。因此,域外管辖效力能否在实践中得到有效实施还有待相关部门出台实施细则进一步澄清。区别于欧美的单边措施,我国法律规则的域外扩张是适度的,是基于数据天然的流动便利性,为了解决全球治理难题而搭建的国内法与国际法的内外联动机制。应当注意的是,在针对域外数据控制者和数据处理行为行使管辖权时,应选择合理的连接点,不宜过度扩张管辖权。

2. 细化《阻断办法》

近年来为了实现"美国利益优先",美国系统性地将其国内法域外适用。对此,欧盟有针对性地制定了第2271/96号条例,设计了一系列阻却性措施予以反制。[1] 当前,我国《阻断办法》和《反外国制裁法》初步形成了较为完善的阻断性立法体系,但须逐条细化,建立配套实施细则。相较于《反外国制裁法》的防御性立法,《阻断办法》更具有主动性,但其效力等级为部门规章且只有15条,仅是对阻断立法框架的初步尝试。面对复杂的国际环境,有必要加快完善《阻断办法》。因此,应尽快起草

---

〔1〕 Council Regulation (EC) No 2271/96of 22 November 1996. 该条例经2014年、2018年、2020年修订,https://www.legislation.gov.uk/eur/1996/2271。

“国际民商事司法协助法（草案）”，丰富《阻断办法》中的原则性条款。第一，强化阻断立法的执行。《阻断办法》第13条规定，不遵守阻断立法的中国公民、法人或者其他组织将受到警告与罚款的处罚，此条规定需要贯彻执行才能免于束之高阁。例如，2010年6月，在Gucci America, Inc. v. Weixing Li案中，中国银行纽约分行被要求提供被告在中国境内的账户信息，尽管中国银行证明在中国境外披露客户信息的行为将违反中国法律，但纽约地区法院以高额罚款迫使中国银行向其提交了来自中国境内的客户信息。原因即在于美国法院并不相信中国银行提交信息后会实际受到中国监管机构的处罚，而中国银行也无法提供相关案例证明。[1] 因此，可以在“国际民商事司法协助法（草案）”专章规定在个人数据跨境流动中违反我国法律的协助方式，形成相互的跨境调取数据合作是形成个人数据国际保护良好氛围的基础。第二，丰富《阻断办法》第2条“不当禁止或者限制”的类型与场景。具体而言，通过梳理、分析各国企业被美国和欧盟长臂管辖制裁的案例，填充“不当禁止或者限制”的目录。[2] 此外，还可以聘请专家学者研究美国和欧盟的对外策略，模拟二者可能使用的制裁措施，根据国际态势和经济发展走向实时更新“不当禁止或者限制”的类型与场景，达到早预防、早阻断的效果。

---

〔1〕 参见王雪、石巍：《数据立法域外管辖的全球化及中国的应对》，载《知识产权》2022年第4期。

〔2〕 参见王林：《论美国的长臂管辖及中国应对——兼评商务部〈阻断外国法律与措施不当域外适用办法〉》，载《宜宾学院学报》2021年第7期。

## 四、我国个人数据跨境流动规制现状及问题

### (一)我国个人数据跨境流动法律规制的现状

在个人数据跨境流动法律法规方面,《网络安全法》及《数据安全法》仅对重要的个人数据予以规定。《个人信息保护法》则对个人数据的跨境流动作了较为全面且系统性的规定。这三部法律构成了我国个人数据保护法律法规的“三驾马车”。此外,针对一些特殊行业或领域相关的个人数据出境问题则分散在行政法规之中。同时,部分地区也对地方立法进行了尝试,积极探索个人数据跨境流动的便利化措施。目前,我国已基本构建个人数据跨境流动的法律框架。

1. 国内个人数据跨境流动立法概况

第一,法律立法概况。2017 年 6 月《网络安全法》正式实施,第 37 条规定了对关键信息基础设施的运营者收集和产生的个人数据跨境传输,以数据本地化储存为基本原则,安全评估后允许流出为例外的出境要求。

2021 年 9 月,《数据安全法》正式实施。作为我国首部数据领域的专门法律,《数据安全法》分阶段对数据流动前端、中端和后端不同过程规定多元主体的数据安全保护义务,设立数据分级制度,建立数据安全审查和风险评估制度。《数据安全法》第 2 条第 2 款设置了必要的域外适用效力规则,体现了维护国家安全和数据主权的立法宗旨,明确境外数据处理活动损害公民利益的,有权追究其责任。同时制定了数据分类分

级制度,依据数据的重要程度以及可能造成的危害程度进行分类分级。在数据跨境流动方面,《数据安全法》并未对个人数据作出特别关注,仅对重要数据实施了更加严格的管理制度。

2021 年 11 月,《个人信息保护法》正式实施,标志着我国个人数据保护制度已基本建立。《个人信息保护法》完善了关于个人数据出境的管理规定,在《网络安全法》的基础上,从网络安全和数据主权出发,规定了可以向境外提供个人数据的四种条件,即安全评估、保护认证、标准合同及例外情况,以及特定情况下的数据本地化要求。除了上述一般性条件外,《个人信息保护法》还明确了个人数据跨境传输的两项特殊性要求。(1)单独同意。个人信息处理者向中华人民共和国境外提供个人信息的,应当向个人告知境外接收方的名称或者姓名、联系方式、处理目的、处理方式、个人信息的种类以及个人向境外接收方行使本法规定权利的方式和程序等事项,并取得个人的单独同意。(2)同等保护水平。向境外提供个人信息的,个人信息处理者应当采取必要措施,保障境外接收方处理个人信息的活动达到本法规定的个人信息保护标准。

第二,行政法规立法概况。涉及个人数据跨境的行政法规主要与金融、电信等特殊行业或领域相关。例如,2013 年 3 月施行的《征信业管理条例》第 24 条规定:“征信机构在中国境内采集的信息的整理、保存和加工,应当在中国境内进行。征信机构向境外组织或者个人提供信息,应当遵守法律、行政法规和国务院征信业监督管理部门的有关规定。”在关键信息基础设施方面,国务院《关键信息基础设施安全保护条例》并未直接规定个人数据跨境相关内容,仅在第 15 条规定关键信息基础设施相关安全机构需要建立健全个人数据保护制度，履行相关保护义务。可以看出，在行政法规方面我国的立法体系还不完善，仍需要进一步的分类和细化。

第三，部门规章立法概述。2023 年 6 月 1 日，《个人信息出境标准合同办法》正式实施。第 4 条规定了个人信息处理者通过签署标准合同实现个人信息出境应当具备的四项条件：非关键信息基础设施运营者；处理个人信息不满 100 万人；自上年 1 月 1 日起累计向境外提供个人信息不满 10 万人以及自上年 1 月 1 日起累计向境外提供敏感个人信息不满 1 万人。第 6 条规定了标准合同条款需严格遵守模板订立，标准合同生效后才可以开展个人信息出境活动。第 5 条以及附件对个人信息处理者和境外接收者的义务与违约责任进行了调整。

2022 年 9 月 1 日实施的《数据出境安全评估办法》，第 3 条规定数据出境安全评估坚持事前评估和持续监督相结合、风险自评估与安全评估相结合等原则。第 4 条规定应当申报数据出境安全评估的四种情形：数据处理者向境外提供重要数据；关键信息基础设施运营者和处理 100 万人以上个人信息的数据处理者向境外提供个人信息；自上年 1 月 1 日起累计向境外提供 10 万人个人信息或者 1 万人敏感个人信息的数据处理者向境外提供个人信息以及国家网信部门规定的其他需要申报数据出境安全评估的情形。第 5 条规定开展数据出境风险自评估并明确重点评估事项，第 9 条规定需约定数据安全保护责任义务，第 10 ~ 19 条明确数据出境安全评估程序、监督管理制度、法律责任以及合规整改要求等。

第四，其他相关部门工作文件概述。2022 年 11 月 4 日，国家互联网信息办公室、国家市场监督管理总局联合印发《关于实施个人信息保护认证的公告》。《个人信息保护认证实施规则》第一章规定对个人信息处理者开展个人信息收集、存储、使用、加工、传输、提供、公开、删除以及跨境等处理活动进行认证的基本原则和要求,第三章规定个人信息保护认证采用技术验证＋现场审核＋获证后监督的模式。

第五,地方性法规立法概况。各地方政府纷纷组织专家学者展开适合本地区数字经济发展状况的地方性法规立法工作。囿于各地区经济发展水平不一,国内大型互联网企业又大多落户在一线城市,造成各地方性立法价值取向差异较大。目前已有山东等12个省、直辖市及经济特区出台了数据相关条例(包括大数据条例、数据条例、数字经济条例等,统称数据条例)。地方性法规各有特色,以2022年1月1日起施行的《深圳经济特区数据条例》为例,该条例率先在立法中提出"数据权益",明确个人对其数据享有删除权、撤销权等基本权利。在个人数据跨境方面,规定由深圳市网信部门监督个人数据跨境活动,要求数据处理者在进行个人数据跨境活动前,需要申请数据出境安全评估,并进行国家安全审查。同在2022年1月1日起施行的《上海市数据条例》将个人数据界定为电子或其他方式对个人信息的记录,且首次规定上海市政府将在临港区制定低风险跨境流动数据目录。可见,深圳市数据条例旨在对个人数据权益予以法律确认,着重保护自然人对其个人数据的权利,而在数据的使用、传输等问题上较为谨慎。而上海市更加注重对数据的处理、使用的规定,倡导建设相对自由的数据跨境流动市场。再如2022年11月1日实施的《深圳经济特区数字经济产业促进条例》对政府和相关部门作出规定,要求应当在国家及行业数据跨境传输安全管理制度框架下,会同有关部门开展数据跨境传输安全管理和跨境通信工作,提升跨境通信传输能力和国际数据通信服务能力。2023 年 1 月 1 日实施的《北京市数字经济促进条例》对重要数据出境安全管理制度与安全评估提出要求。2023 年 3 月 1 日实施的《厦门经济特区数据条例》要求完善数字产业链,支持开展数据跨境流动,对数据出境安全评估与监督提出要求。可见在确保数据安全的前提下,支持开展数据跨境流动正逐渐成为主流。

2. 参与个人数据跨境流动的国际条约和倡议概况

随着数字经济全球化以及区域一体化的加速推进,跨境数据安全成为国家间展开合作的重要议题,区域间差异化的数据安全标准进一步加剧了企业合规成本。因此统一数据跨境规则的构建需要各国积极展开合作,共同促成。对此,中国在多边协定、双边条约及合作倡议等不同层面均有所涉及。

首先,中国积极参与《区域全面经济伙伴关系协定》(RCEP)中有关个人数据跨境流动规则的制定。RCEP 涵盖的内容非常全面,其第十二章电子商务章节专门规定个人信息保护规则和数据跨境流动规则,明确数据跨境流动的自由原则和非必要禁止数据本地化两大原则。RCEP 第 15 条明确了数据跨境自由流动原则,规定各缔约国不得阻止为进行商业活动而产生的跨境电子信息传输。同时,为了防范数据流动给公民或国家带来的负外部性,第 15 条设置了正当公共政策目标例外。RCEP 第 14 条明确了非必要禁止数据本地化原则,其中第 1 款规定缔约方应当意识到任何缔约方对自己的计算设施的使用和位置选择都有自由选择权。第2款规定缔约方不得以必须使用本领土内的计算设施或必须将计算设施设置于本领土内作为开展商业活动的条件。当然,一味地限制数据本地化规则与各国的领土安全与数据安全诉求相违背,因此第14条第3款设置了与第15条相同的例外情形。RCEP的数据跨境流动条款旨在保持缔约国数据安全和数字经济发展之间的平衡。我国作为该条约制定的参与国之一,对构建数字壁垒和排他性数字市场的数据本地化持反对态度,致力于在保障数据安全的基础上发展数字经济。[1]

其次,在《中欧投资协定》中纳入个人数据跨境流动条款。中国与欧盟在个人数据跨境流动立法方面存在差异,因此《中欧投资协定》中数据跨境流动的直接条款较少,主要在市场准入条款中涉及相关规则。如明确欧洲投资者可以投资基础电信业务,但外资比例不得超过49%,可以投资互联网数据中心业务、内容分发网络业务、在线数据处理业务和互联网虚拟专用网业务等电信领域业务,但外资比例不得超过50%。可以看出,我国进一步对外开放了电信服务领域以促进数字经济发展,但此举也可能引发数据安全问题,尤其是电信业务关乎基础民生,仅靠限制外资比例来保证数据安全显然不足。[2]

最后,积极推行中国数据安全合作倡议概况。2020年,我国在全球数字治理研讨会上提出了《全球数据安全倡议》,表明了中国在数据治理方面的态度,也为世界处理数据安全难题点明了方向。在数据跨境流动

---

〔1〕 参见武长海:《国际数据法学》,法律出版社2021年版,第264页。
〔2〕 参见武长海:《国际数据法学》,法律出版社2021年版,第270页。

方面,《全球数据安全倡议》提出如因打击犯罪需要的跨境执法需要调取数据,应当通过司法协助和多、双边协议进行。国家间调取数据应当签订跨境调取数据协议,不得侵犯他国数据安全。在数据本地化方面,提出各国不得要求本国企业将境外产生、获取的数据存储在境内,未经他国法律允许不得直接向企业和个人调取位于他国的数据。2021年,我国与阿拉伯签署的《中阿数据安全合作倡议》在数据跨境流动方面延续了《全球数据安全倡议》的内容,但删除了"不得要求本国企业将境外产生、获取的数据存储在境内"这一条款,体现了我国在数据安全方面的治理方向和治理理念,为打造数据命运共同体提供了指导方向。

**表1　我国个人数据跨境流动规制概况**

<table>
<tr><td colspan="3">国内个人数据跨境流动立法概况</td></tr>
<tr><td rowspan="4">法律立法概况</td><td>名称</td><td>主要内容</td></tr>
<tr><td>《网络安全法》</td><td>对关键信息基础设施的运营者收集和产生的个人数据跨境传输,以数据本地化储存为基本原则,安全评估后允许流出为例外的出境要求。</td></tr>
<tr><td>《数据安全法》</td><td>制定了数据分类分级制度,在数据跨境流动方面,仅对重要数据实施了更加严格的管理制度。</td></tr>
<tr><td>《个人信息保护法》</td><td>规定了可以向境外提供个人数据的四种条件,以及特定情况下的数据本地化要求。除了上述一般性条件外,还明确了个人数据跨境传输的两项特殊性要求:单独同意和同等保护水平。</td></tr>
</table>

续表

| 国内个人数据跨境流动立法概况 | | |
|---|---|---|
| | 名称 | 主要内容 |
| 行政法规立法概况 | 《征信业管理条例》 | 征信机构在中国境内采集的信息的整理、保存和加工,应当在中国境内进行;征信机构向境外组织或者个人提供信息,应当遵守法律、行政法规和国务院征信业监督管理部门的有关规定。 |
| | 《关键信息基础设施安全保护条例》 | 关键信息基础设施相关安全机构需要建立健全个人数据保护制度,履行相关保护义务。 |
| | 《档案法实施办法》 | 必须经过国家档案局或省一级的档案管理部门的审查批准,才能向境外输送档案的复制件。 |
| 部门规章立法概述 | 《个人信息出境标准合同办法》 | 规定了个人信息处理者通过签署标准合同实现个人信息出境应当具备的四项条件;规定了标准合同条款需严格遵守模板订立,标准合同生效后才可以开展个人信息出境活动。对个人信息处理者和境外接收者的义务与违约责任进行了调整。 |
| | 《数据出境安全评估办法》 | 规定数据出境安全评估坚持事前评估和持续监督相结合、风险自评估与安全评估相结合等原则。规定应当申报数据出境安全评估的四种情形,规定开展数据出境风险自评估并明确重点评估事项。规定需约定数据安全保护责任义务,明确数据出境安全评估程序、监督管理制度、法律责任以及合规整改要求等。 |
| 部门工作文件 | 《个人信息保护认证实施规则》 | 规定对个人信息处理者开展个人信息收集、存储、使用、加工、传输、提供、公开、删除以及跨境等处理活动进行认证的基本原则和要求以及个人信息保护认证模式:技术验证+现场审核+获证后监督。 |

续表

| 国内个人数据跨境流动立法概况 | | |
|---|---|---|
| | 名称 | 主要内容 |
| 地方性法规立法概况 | 《深圳经济特区数据条例》 | 提出“数据权益”,明确个人对其数据享有删除权、撤销权等基本权利。在个人数据跨境方面,规定由深圳市网信部门监督个人数据跨境活动,要求数据处理者在进行个人数据跨境活动前,需要申请数据出境安全评估,并进行国家安全审查。 |
| | 《深圳经济特区数字经济产业促进条例》 | 对政府和相关部门作出规定,要求应当在国家及行业数据跨境传输安全管理制度框架下,会同有关部门开展数据跨境传输安全管理和跨境通信工作,提升跨境通信传输能力和国际数据通信服务能力。 |
| | 《北京市数字经济促进条例》 | 对重要数据出境安全管理制度与安全评估提出要求。 |
| | 《厦门经济特区数据条例》 | 要求完善数字产业链,支持开展数据跨境流动,对数据出境安全评估与监督提出要求。 |
| | 《上海市数据条例》 | 将个人数据界定为电子或其他方式对个人信息的记录,首次规定上海市政府将在临港区制定低风险跨境流动数据目录。 |
| 参与个人数据跨境流动的国际条约和倡议概况 | | |
| | 名称 | 主要内容 |
| 国际条约 | 《区域全面经济伙伴关系协定》 | 第十二章电子商务章节专门规定个人信息保护规则和数据跨境流动规则,明确数据跨境流动的自由原则和非必要禁止数据本地化两大原则。 |
| | 《中欧投资协定》 | 数据跨境流动的直接条款较少,主要在市场准入条款中涉及相关规则。欧洲投资者可以投资基础电信业务,但外资比例不得超过49%,可以投资互联网数据中心业务、内容分发网络业务、在线数据处理业务和互联网虚拟专用网业务等电信领域业务,但外资比例不得超过50%。 |

续表

| 国内个人数据跨境流动立法概况 | | |
|---|---|---|
| | 名称 | 主要内容 |
| 合作倡议 | 《全球数据安全倡议》<br>《中阿数据安全合作倡议》<br>《“中国＋中亚五国”数据安全合作倡议》<br>《国际数据流通合作伙伴上海倡议》 | 促进数据流动，但不得侵犯他国数据安全。 |

(二)我国个人数据跨境流动规制现存问题

1. 数据跨境流动场景不丰富

我国当前主要通过以《网络安全法》、《数据安全法》和《个人信息保护法》三法为主框架，其他统筹性法律和行业规定为依托对个人信息实行保护。随着《个人信息保护法》的出台，我国个人数据跨境流动规则逐渐明晰。《个人信息保护法》第三章对个人数据跨境流动设定规则，在同等保护标准的前提下，设置了两条数据传输路径，其一是经专业机构进行个人信息保护认证；其二是使用标准合同。此外，第40条规定的两类原则上本地化存储的个人信息，在通过国家网信部门组织的安全评估后也可以向境外提供。相较于欧盟，我国现有路径忽略了跨国公司的数据流动场景。在数字贸易场景下，数据流动发生在商业主体之间或内部，具有大规模和持续性的特征。而GDPR的“约束性企业规则”(BCRs)则为此种情形提供了规则范本。BCRs规则认为如果跨国集团遵循一套经个人数据监管机构认可的数据处理机制，则该集团内部整体成为“安全港”,数据流动无须再经主管部门批准。因此,未来我国可以从以数据跨境流动场景中优化数据管控机制。

2. 单独同意制度实施方式有待优化

当前,欧盟、美国及俄罗斯都规定了差异化的个人数据跨境流动规制模式,在当今全球化数字经济时代,数据跨境业务场景更加繁杂多样,为了应对诸如GDPR中“充分性”认定的高水平保护要求与执法措施,我国应提升国内立法保护水平,最大化规避个人数据跨境流动的法律壁垒。为了确保个人信息权益不因跨境流动而减损,除了需遵守一般信息处理行为的“知情—同意”规则,《个人信息保护法》第39条为个人数据跨境流动设置了更为严格的标准,规定个人信息处理者向境外提供个人信息的,应当取得个人的单独同意,并向个人告知境外接收方的名称或者姓名、联系方式、处理目的、处理方式、个人信息的种类以及个人向境外接收方行使本法规定权利的方式和程序等事项,即单独同意制度。

单独同意区别于一般同意,是指信息处理者在获得告知同意的合法性基础上,处理特殊的个人信息或者处理场景特殊时,必须就其处理的目的、方式等单独告知信息主体。[1] 单独同意制度属我国首创,其条文缺乏对实施方式的详细规定,因此在具体实践中仍需进一步明确。例如,在信息处理者与信息主体在进行单独同意条款的发送与接收时,应采取何种形式。实践中各大互联网平台主要通过信息弹窗、授权书等“一揽子”方式获得对个人信息收集、使用的授权,但是个人信息跨境的

---

〔1〕 张凌寒:《个人信息跨境流动制度的三重维度》,载《中国法律评论》2021年第5期。

单独同意，需要信息处理者告知信息权人其所收集信息的大部分处理过程。这种告知内容冗长复杂，在实践中往往难以详细展现。有学者选取了100种安卓软件，对它们的数据跨境流动协议进行研究，发现66%的软件存在数据跨境协议内容缺漏、模糊等披露不足的问题。[1] 如果仍采用"一揽子"方式获取授权，即便获得单独同意，信息主体通常也未仔细阅读同意条款，合法权益和信息安全仍无法得到保障。此外，告知义务的内容范围和数据授权流动效率之间的平衡也是需要解决的问题。

3. 企业数据合规成本过高

随着全球数字产业蓬勃发展，大型跨国企业的数据流动与跨境交易业务覆盖全世界，企业面临不同法域的多重数据规则，数据违规风险被不断放大。个人数据跨境首先需要面对国内政策的变化，自"滴滴"赴美上市事件后，国家网信办开展对赴美上市公司网络安全审查工作。2021年11月网信办发布的《网络安全审查办法》第7条规定，掌握超过100万用户个人信息的网络平台运营者赴国外上市，必须向网络安全审查办公室申报网络安全审查。鉴于国内数据安全合规政策尚未细化，相较于国外上市，在香港特区股市上市手续更简单、速度更快，已有多家境外上市的公司在香港交易所进行二次上市。[2] 从目前的发展态势来看，数据安全合规审查已经成为跨国企业开展跨境商业活动所必需，且将长期进

〔1〕 Guamán D. S., Del Alamo J. M., Caiza J. C., "GDPR Compliance Assessment for Cross-Border Personal Data Transfers in Android Apps", *IEEE Access* 9, 2021, pp. 15961-15982.

〔2〕 张雅婷、郭美婷：《风险自评估与网信部门评估相结合　强调境外数据接收方责任》，载《21世纪经济报道》2021年11月1日，第2版。

行的一项工作。企业数据合规不仅受国内监管环境影响,国外复杂的数据监管制度同样增加了跨国企业的数据合规成本。从 Tiktok 因数据隐私问题与美国、印度、意大利等国产生跨境数据合规争议,到华为、中兴因数据安全性问题遭到瑞典邮政和电信管理局(PTS)禁用,对于跨国企业而言数据合规成本越来越高。此外,在欧盟严格的数据跨境流动规制以及美国数据长臂管辖的态势下,中国企业可能会因与欧盟进行个人数据传输或涉及美国因素而受到 GDPR 或 CLOUD 法案的约束。因此,个人数据合规对于我国企业对欧业务或开展国际化业务都有重要作用,这对互联网企业发展提出了巨大挑战。

## 五、个人数据跨境流动规制趋势下的中国因应

数字经济背景下,个人数据跨境流动或助推一国的国内规则外向流动以输出数据治理理念、给予数据控制者在国际市场上抢占市场份额以攫取经济价值的正外部性,也可能引发国家安全威胁、数据主体数据泄露风险、施加数据控制者增加数据合规成本的负外部性。双重外部性相互渗透,交互影响。从美国、欧盟以及俄罗斯的个人数据跨境流动规制现状及趋向来看,各大经济体致力于构建代表自身诉求的数字贸易规则体系。我国采取何种规制理念,建立严格抑或宽松的数据跨境制度,都将给未来国内经济和社会发展,以及在相关议题上的国际话语权带来深刻影响,因此,关键在于对多方、多元利益的协调与平衡。

### (一)积极应对个人数据跨境流动趋势

第一,优化与丰富我国个人数据合法流动渠道。从《安全港协议》过

渡到《隐私盾协议》,再到后者被判决无效,在保障数据安全的前提下促进数据流动便利化始终是欧美合作不变的议题。美国在失去《隐私盾协议》这一传统常规路径后,可以通过提供适当保障措施进行数据传输,即“标准合同条款”和“约束性企业规则”仍为数据流动预留了合法路径,且双方正就加强隐私盾框架的潜力并遵守欧盟法院的判决展开谈判。数据跨境流动已经成为不可逆转的趋势,数据作为“流动性财产”(fugitive property)的“事物本质”已然揭示,[1]而“事物本质”是法律的正当性基础之一,要求立法者应当根据事物属性作出调整,而不应“悖离事理”。[2] 为此,我国应积极回应数据跨境流动的国际趋势与现实需要,进一步优化与丰富我国个人数据合法流动渠道。而 GDPR 的“约束性企业规则”(BCRs)为此种数据流动场景提供了规则范本。诚然,全球治理背景下,国家与跨国公司角色开始发生转变,跨国公司作为利益攸关者,其自我约束的领域逐步扩张,一些涉及公共利益的领域也出现了一定程度的自我约束。[3] 结合我国数字经济的快速发展,阿里巴巴、腾讯、华为等公司已经在跨境电商、跨境支付、信息服务等领域形成了领先优势,其公司内部涉及大规模且复杂的数据流动,建立跨国公司内部规则机制有利于激发企业的能动性,管控风险、减轻行政负担。

第二,建立专门的个人数据跨境管理机构。《个人信息保护法》明确

---

〔1〕 许可:《数据权属:经济学与法学的双重视角》,载《电子知识产权》2018 年第 11 期。

〔2〕 [德]卡尔·拉伦茨:《法学方法论》,黄家镇译,商务印书馆 2020 年版,第 523 ~ 525 页。

〔3〕 王佳宜:《全球治理下跨国公司社会责任监管模式转变》,载《商业经济研究》2016 年第 23 期。

以网信部门为核心发挥统筹协调作用,与其他具有个人信息保护职责的部门协同推进。据不完全统计,目前至少有公安、市场监管总局、教育部、交通部、卫健委、商务部、人力资源和社会保障部等十多个部门具有个人信息保护监管职责。对此,可参考欧盟设独立的数据保护机构(DPAs)以解决多头监管问题。我国的网信部门可以在原来的监督管理基础上扩大行政管理权限,建立监管个人数据跨境流动的专门机构。同时还可以提供救济途径、开展国际数据跨境流动合作、对出境数据进行安全评估、对违反数据流动规则的主体进行调查惩处等一系列职能。此外,还可以借鉴美国的行业自律模式,鼓励商业组织制定公司规章和开展安全评估等活动作为行政监管的补充。[1]

### (二)优化单独同意制度

第一,探索个人数据跨境流动的多元化合法性基础。个人数据跨境对信息处理者保障信息安全义务提出了更高的要求,另一方面让信息主体行使信息授权权利时更加谨慎。[2] 此种限制性更强的单独同意规则,并不一定为信息主体带来更充分的保护,海量的告知可能会让信息主体不胜其烦。[3] 为此,有学者提出以“信义规则”为基础,在个人数据跨境流动上确立“以个人单独同意为原则,其他合法性事由为例外”的制度方

---

〔1〕 马其家、李晓楠:《国际数字贸易背景下数据跨境流动监管规则研究》,载《国际贸易》2021 年第 3 期。

〔2〕 程啸:《个人信息保护的理解与适用》,中国法制出版社 2021 年版,第 237 页。

〔3〕 李万强、贺溦:《自贸试验区推进个人信息跨境制度开放研究》,载《国际贸易》2021 年第 8 期。

案。[1] 例如,对于跨国公司内部雇员个人数据的跨境提供和管理,突发疫情或公共卫生等原因向境外提供个人数据的情形时,过于强调单方面追求个人信息自决权,则有阻碍某些极端情形下个人信息跨境需求有效实现之嫌。

第二,构建分层同意制度优化告知内容。为提高信息主体的阅读效率,可以将个人数据跨境信息中涉及人格尊严、信息安全的条款,如个人数据收集的种类、处理方式、使用目的等,着重标识并置于同意书的显著位置。其他影响较小,例如接收方名称以及一些程序性事项放置于同意书之后。同时,应要求企业在用户界面设置明显的入口和已授权个人信息撤回按钮,便于用户管理其个人信息。2021 年 3 月 12 日,国家网信办联合其他三部门发布了《常见类型移动互联网应用程序必要个人信息范围规定》,该规定对 39 种互联网应用程序的个人信息收集范围作出了明确规定,因此不同类型的应用程序可以在个人信息管理界面设置不同的重点信息管理按钮。另外,根据《个人信息保护法》第 38 条之规定,个人信息跨境还应当具备通过国家网信部门组织的安全评估或者经专业机构进行个人信息保护认证等条件之一。网信部门可以联合认证机构建立通过安全评估和保护认证的企业白名单并根据企业的安全保障能力进行分级,在信息主体进行单独同意时,根据分级对接收企业的安全保障能力进行不同颜色的标注和说明,能够帮助信息主体快速了解同意后果,提高个人数据跨境传输效率。

---

〔1〕 赫然:《个人信息跨境提供的规范分析与理论反思——以〈个人信息保护法〉第三十八、三十九条为视角》,载《兰州学刊》2022 年第 3 期。

(三)提高企业跨境数据合规水平

随着我国数字产业发展方兴未艾,企业数据跨境流动与交易业务覆盖全球,在面临不同法域的多重数据规则时企业的违规风险被放大。从TikTok因数据隐私问题与美国、印度、意大利等国家产生跨境数据合规争议,到华为、中兴因数据安全性问题遭到瑞典邮政和电信管理局(PTS)禁用,对于跨国企业来说,合规成本增加的负外部性在全球个人数据保护立法趋势下更为显著。

鉴于诸多国家的个人数据传输规则都设置了同等保护标准,此次通过的《个人信息保护法》在数据流动场景中引入了国际上的成熟做法,无疑将成为企业数据合规的助推器。《个人信息保护法》第52条对个人信息处理者的合规作出了诸多要求,针对跨境数据合规发展痛点,未来应在国家层面加强政策扶持,在企业层面鼓励建立内部合规制度,创新企业跨境数据合规体系。首先,国家层面加强对企业的指导。网信办可以发布《个人数据传输国别(地区)指南》,主动为社会提供公共服务产品。国际数据治理趋势显示,不同法域都在加强数据保护立法,对于互联网企业的数据行为要求宽严不一,加之数据立法域外管辖权的不断扩张,如何既遵守数据法规,又降低企业合规成本是企业个人数据跨境传输的首要难题。而国别指南可为数据跨境传输主体提供有效指引,在满足企业发展的需要的同时降低经营风险。例如,推出《个人数据传输国别(地区)指南—欧盟》梳理欧盟数据传输的相关措施,鼓励与欧盟有业务往来的跨国企业使用欧盟的标准合同条款(SCCs)或申请约束性公司规则(BCRs)认证,引导企业提升隐私保护意识和标准,或建议大规模跨国企业应专设数据保护代表等。其次，企业层面加强内部合规审查。《个人信息保护法》已对个人信息实行分类管理，企业内部可以参照规定制定数据分类分级规则，例如区分重要数据、敏感个人信、包含有关键信息基础设施等，进行必要的信息的处理，针对不同类型的数据制定区别化的数据出境策略。此外，建立企业内部合规部门、同行间数据合规联盟、跨行间风险评估机制、紧急预案机制等有助于企业优化业务流程，降低合规风险与成本。

# 致　谢

本书系教育部人文社会科学研究青年基金项目“中国推动网络空间全球治理体系构建的法律问题研究”(18YJC820060)的研究成果,由近年来作者发表或撰写的相关研究内容增删修改而成,也是对自己在数据法这个新兴领域探索的阶段性小结。

感谢何晓红、廖明月、唐久淳、杨映雪、吴勇、范根菡几位学者对本书写作的实质性贡献。其中,何晓红参与本书第一章撰写,杨映雪参与第二章撰写,吴勇参与第三章撰写,廖明月参与第四章撰写,唐久淳参与第五章撰写,范根菡参与第六章撰写。从初稿到成书,每一个环节都离不开他们的默默付出。

感谢我的导师邓瑞平教授在2014年的秋天引领我走入国际法的大门,恩师严谨的治学之道使我在学术研究中始终不敢懈怠、不忘初心。感谢武汉大学的黄志雄教授,在2019年学界对网络空间国际法的研究方兴未艾之时,是黄教授的引导、鼓励和提携,使我对这个领域持续保持研究的热情与信心。感谢重庆邮电大学的黄东东院长,黄院长关心我们每一名青年教师的成长,正是这份无私的帮助,让我更加坚定地投身于教学和科研工作中,本书的形成和出版,也都离不开黄院长的支持。

当然,书稿的最终完成还离不开支持和陪伴我成长的家人,正是有你们的支持,所有努力才显得更有意义。此外,本书得以出版,离不开法律出版社编辑蒋橙老师的大力支持,在此表示由衷感谢!最后,希望本书能为读者提供从国际法视域探讨数据规制问题的新视角,也呼吁同行者共同继续追求数据法学的“理想图景”。

王佳宜

2024 年 9 月 21 日于山城重庆